JN273030

実例で学ぶ
機械力学・振動学
— ロボットから身近な乗り物まで —

博士（工学） 山本　郁夫
博士（工学） 伊藤　高廣　共著

コロナ社

はじめに

　ロボットは，アクチュエータ，センサ，制御装置より構成される知的機械システムと定義されている．この定義に基づけば，人や生物のような運動をする機械のみならず，自動車，飛行機，船舶，ロケット，家電製品に至るまでロボットである．すなわち，世の中にはすでにさまざまなロボットが登場しており，未来社会においてもその需要が増大していくことと容易に想像できる．ロボットを開発し，社会需要に応えることは今後ますます重要になると予想される．ロボットに代表される知的機械システムは，その根幹である機械メカニズムを開発することが重要であり，そのためには機械がどのように動くのかを力学をベースに考えていくことが必要である．このような機械運動のしくみを論じる力学を機械力学という．

　機械力学は，ニュートンの運動法則を出発点として理論体系を展開し，機械の設計や製作の考え方の基本となる．また，機械力学を発展させた機械振動学は機械の振動に関わる問題の解決や振動を利用した新しい機械の開発に欠かせない学問である．トラブルの少ない機械の実現や魚ロボットなどのユニークなロボットの創出に役立っている．

　本書は，筆者らが開発したロボットを事例に交えて，機械力学・振動学をわかりやすく解説したものである．また，自動車，航空機，鉄道など身近な乗り物を例に，機械力学・振動学の大学，工業高等専門学校の専門課程で学ぶ事項をあまねく網羅した．

　また，基本用語の英語表記や英語索引も用意したので，技術英語の習得にも役立つ．

　機械工学の基礎を学びたい大学生，高専生や機械開発において機械力学・振動学を学び直したい社会人に最適の教科書である．

2014 年 4 月

著　者

目　　　次

1. 機械力学・振動学とは

1.1　機械力学の重要性 …………………………………………………… 1
1.2　機械振動学の重要性 ………………………………………………… 2

2. ロボットに学ぶ機械力学・振動学の基礎

2.1　ロボットの定義と種類 ……………………………………………… 3
2.2　ロボットで機械力学を学ぼう ……………………………………… 9
2.3　ロボットで機械振動学を学ぼう …………………………………… 10

3. 質点の運動

3.1　質点の運動とは ……………………………………………………… 12
　3.1.1　質点の定義 ……………………………………………………… 12
　3.1.2　質点の変位ベクトル …………………………………………… 13
　3.1.3　質点に働く力のつり合い ……………………………………… 14
3.2　質点の変位，速度，加速度 ………………………………………… 15
　3.2.1　直線運動 ………………………………………………………… 15
　3.2.2　速　　　度 ……………………………………………………… 15
　3.2.3　加　速　度 ……………………………………………………… 16
3.3　運動の法則 …………………………………………………………… 17
　3.3.1　ニュートンの運動法則 ………………………………………… 17
　3.3.2　慣性系の運動 …………………………………………………… 21
　3.3.3　非慣性系の運動 ………………………………………………… 21

3.3.4　万有引力の法則 ……………………………………… 22
　　3.3.5　ケプラーの法則 ………………………………………… 22
　3.4　運動量と力積 ………………………………………………… 23
　　3.4.1　運動量と運動方程式 …………………………………… 23
　　3.4.2　力　　　積 ……………………………………………… 23
　3.5　角運動量と円運動 …………………………………………… 24
　　3.5.1　角　運　動　量 ………………………………………… 24
　　3.5.2　円　　運　　動 ………………………………………… 25
　演習問題 …………………………………………………………… 28

4. 質点系の運動

4.1　質点系の運動とは ……………………………………………… 29
4.2　運動量保存則 …………………………………………………… 30
4.3　質　点　の　衝　突 …………………………………………… 31
　演習問題 …………………………………………………………… 33

5. 力学的エネルギー

5.1　仕事と仕事率 …………………………………………………… 34
5.2　力学的エネルギーとは ………………………………………… 35
　　5.2.1　位置エネルギー ………………………………………… 35
　　5.2.2　運動エネルギー ………………………………………… 37
5.3　力学的エネルギーの保存則 …………………………………… 39
　演習問題 …………………………………………………………… 41

6. 剛体の運動

6.1　剛体と回転，慣性モーメント ………………………………… 42
　　6.1.1　剛　体　の　定　義 …………………………………… 42
　　6.1.2　剛体のつり合い条件 …………………………………… 44
　　6.1.3　剛体の運動の考え方 …………………………………… 45

  6.1.4 剛体の運動エネルギー ……………………………………… 47
  6.1.5 固定軸と剛体の運動 ………………………………………… 47
  6.1.6 剛体振り子 …………………………………………………… 49
  6.1.7 慣性モーメント ……………………………………………… 51
 6.2 剛体の回転の応用例 ……………………………………………… 58
  6.2.1 オイラー角とオイラー変換 ………………………………… 58
  6.2.2 車両の運動解析への応用 …………………………………… 60
 演習問題 ………………………………………………………………… 63

7. 解析力学

 7.1 解析力学の基礎 …………………………………………………… 64
  7.1.1 解析力学の役立つ場面 ……………………………………… 65
  7.1.2 エネルギーを用いた表現 …………………………………… 66
  7.1.3 ラグランジュの運動方程式 ………………………………… 66
 7.2 解析力学の応用 …………………………………………………… 68
  7.2.1 多自由度系の問題への適用 ………………………………… 68
  7.2.2 ラグランジュの運動方程式とニュートンの運動方程式 ……… 69
  7.2.3 ラグランジュの運動方程式では困難な例 ………………… 69

8. 機械振動学

 8.1 振動の基本 ………………………………………………………… 73
  8.1.1 集中質量系と分布質量系 …………………………………… 73
  8.1.2 振動モデルの六つの要素 …………………………………… 74
  8.1.3 単振動 ………………………………………………………… 77
 8.2 自由振動 …………………………………………………………… 78
  8.2.1 非減衰振動 …………………………………………………… 78
  8.2.2 減衰振動 ……………………………………………………… 79
  8.2.3 自励振動 ……………………………………………………… 80

8.3 強 制 振 動 ……………………………………………………… 82
  8.3.1 強制振動と自由振動の相違 ………………………………… 83
  8.3.2 共 振 と 事 例 ……………………………………………… 84
  8.3.3 強制振動の例 …………………………………………… 89
 演習問題 ……………………………………………………………… 97

9. 機械振動問題

9.1 多自由度系の振動 ……………………………………………… 99
9.2 回転体の振動 …………………………………………………… 100
  9.2.1 剛 性 ロ ー タ ……………………………………………… 100
  9.2.2 弾 性 ロ ー タ ……………………………………………… 101
9.3 振 動 の 制 御 …………………………………………………… 104
  9.3.1 振動制御の基本 …………………………………………… 104
  9.3.2 揺れない構造体 …………………………………………… 105
9.4 連 続 体 の 振 動 ………………………………………………… 106
  9.4.1 波　　　動 ………………………………………………… 107
  9.4.2 鉄道架線の振動 …………………………………………… 108
  9.4.3 高架軌道（リニアモーターカー）の振動 ……………… 109

付　　録

A. 機械力学・振動学のための数学 ………………………………… 114
 A.1 微　　　　　分 …………………………………………… 114
 A.2 積　　　　　分 …………………………………………… 114
 A.3 全微分・偏微分 …………………………………………… 115
 A.4 ベクトルとスカラー ……………………………………… 115
 A.5 ベクトルの和・差 ………………………………………… 116
 A.6 ベクトルの積（内積・外積） …………………………… 117
 A.7 ベクトルの微分 …………………………………………… 118

 A.8 ベクトルの積分 …………………………………………… 119
 A.9 三 角 関 数 …………………………………………… 120
 A.10 近 似 公 式 …………………………………………… 120
 演習問題 …………………………………………… 121
B.機械力学・振動学で使う数学の基礎 Math check …………………… 121
C.機械力学・振動学で用いる単位 …………………………………… 122
 C.1 Ｓ Ｉ 単 位 系 …………………………………………… 122
 C.2 基 本 単 位 …………………………………………… 123

参 考 文 献 …………………………………………………… 131
演習問題解答 …………………………………………………… 132
索 引（和→英）………………………………………………… 138
索 引（英→和）………………………………………………… 142

1. 機械力学・振動学とは

1.1 機械力学の重要性

　機械の企画，設計，開発，製作，運用において，**機械の運動**（motion of machine）を力学の法則に基づき検討することが重要である。例えば，新しい航空機を設計するとき，航空機に作用する力から質量を勘案して加速度を計算し，積分して速度，さらに積分して位置を算出することにより3次元運動を予測できる。**機械力学**（mechanical dynamics）の根幹はニュートンが確立した運動法則にある。すなわち，古典力学の範囲で機械力学は展開される。原子や分子などミクロの世界の運動を論じた**量子力学**（the quantum mechanics）や物体の光に近い速さでの運動を論じた**相対性理論**（the theory of relativity）の力学は通常除外して考える。

　新しい機械を作るとき，最近ではコンピュータのシミュレーションによって製作前の機械の運動をシミュレーションすることが主流となっている。これは機械の運動モデルを数式によって作成することから始まる。ニュートンの運動法則が基本となるが，数式によって構成される機械の数学モデルを用いて，微分や積分を行いながら機械の動きを予測する。機械の製作後に運動の不具合や性能未達があれば作り直さなければならないが，材料費や製作経費でコストの大きな損失となる。コンピュータのシミュレーションは比較的コストはかからないので，事前に十分に機械の運動を検討でき，製作後の不具合も少なくなる。また，改善点が生ずれば，機械力学により論理的に機械の運動を考えるこ

とにより，さらに優れた機械を創出することができる．これが機械力学の神髄と言っても過言ではない．

1.2 機械振動学の重要性

機械の振動（vibration of machine）は，機械にとって無くさないといけない問題として旧来より取り組まれてきた．例えば，機械の振動が機械の性能を落としたり，近隣住民に公害問題として迷惑をかけたり，振動低減の対処策が施されてきた．筆者も昔，振動を低減する飛行機や船の開発に取り組んだことがあり，振動は工学の悪玉問題として解決に知恵を絞ってきた．ところが，近年振動を推進装置として利用する魚ロボットや振動により受信を知らせる携帯電話などの機械が登場し，振動は善玉技術として工学に役立っている．また，地震も振動現象であり，振動の制御により耐震性の高い機械を作ることも災害対策には欠かせない技術となりつつある．

一般に，物理学での**振動**（vibration もしくは oscillation）は，変位などの物理量が，その物理量の平均値もしくはその近傍を中心に，周期性を有しながら繰り返し変動する現象をいう．すなわち，音や光など身近な物理現象も振動問題としてとらえることができる．機械振動学は具体的な振動問題の解決に役立つ学問なので，広く一般的な振動現象の解明や振動現象を利用した新しい装置の開発のヒントに成り得る．

2. ロボットに学ぶ機械力学・振動学の基礎

2.1 ロボットの定義と種類

　前述のように，**ロボット**（robot）は**アクチュエータ**（actuator），**センサ**（sensor），**制御装置**（control device）より構成される**知的機械システム**（intelligent mechanical system）と定義されている。ロボットの運動は**機械力学**（mechanical dynamics）によって成り立っている。

　ロボット（およびメカトロニクス）は**図 2.1**に示すように，機械力学がメカニズム設計・開発の根幹であり，これに材料力学，流体力学，熱力学，製図，加工法などの機械系科目と電気・電子・情報工学などの電気系科目が加わって，全体システムが完成する。

　ロボットは，大別すれば人間社会に便利さを与える**サービスロボット**（ser-

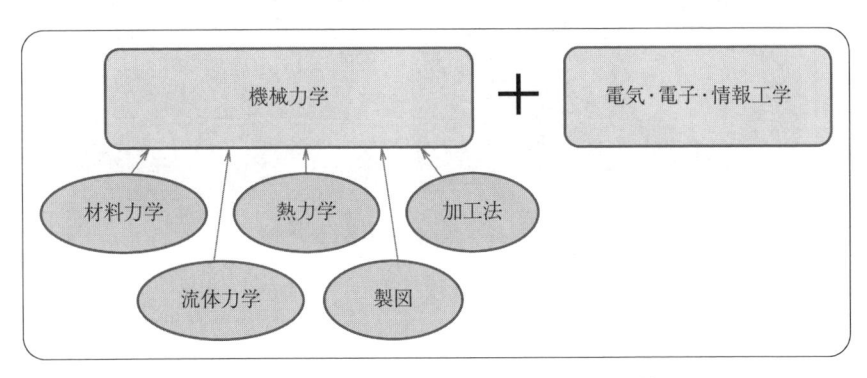

図 2.1 ロボット・メカトロニクス開発に必要な科目

vice robot)，イベントなどで人間生活に楽しみを与える**アミューズメントロボット**（amusement robot），工場などで人間に代わって作業を行う**産業用ロボット**（industrial robot）に分けられる。

サービスロボットの例としては，図2.2のような**医療リハビリテーションロボット**（medical rehabilitation robot）がある。

これは，手首や指が動かなくなった患者のリハビリテーションを助けるロボットである。筋電センサを腕に装着し，患者の手首や指を動かそうとする意思を電気信号で感知し，制御装置でリハビリテーションに最適な制御信号を，アクチュエータである手首と指に装着した円盤状のグリップハンドに取り付けたモータに駆動指令信号として与え，患者のリハビリテーションをロボットが助ける仕組みである。図2.3にこの医療リハビリテーションロボットのシステム構成図を示す。手首を屈曲，伸展させる筋電信号をセンサにより先行的に感知し，実際の手首の屈曲，伸展をロボットが補助する。制御装置のインターフェース画面には患者のリハビリ意欲を高める工夫が施してあり，リハビリテーションの効果を向上させることができる。

アミューズメントロボットの例としては，図2.4のような**魚ロボット**（robotic fish）がある。

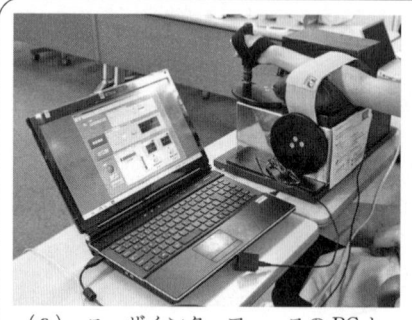

(a) ユーザインターフェースのPCとリハビリテーションロボット本体

(b) リハビリテーションロボット本体
（本体の寸法は幅約50 cm，奥行約30 cm，高さ約34 cm）

図2.2 医療リハビリテーションロボット

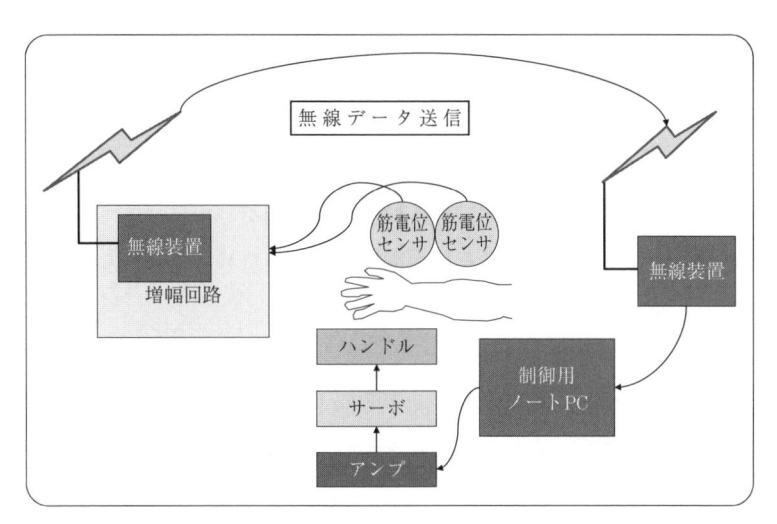

図 2.3　医療リハビリテーションロボットのシステム構成

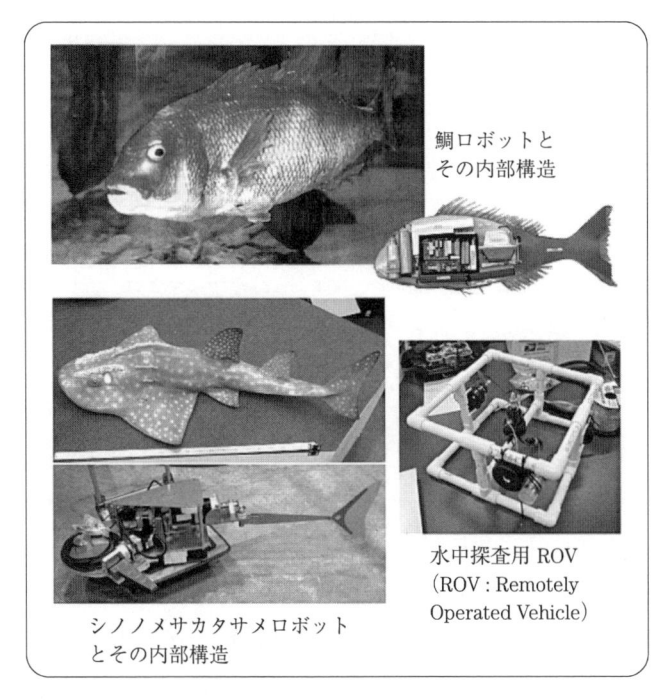

図 2.4　魚ロボット，水中探査用 ROV

魚ロボットの原理は 1980 年代に筆者が生み出した**弾性振動翼推進システム** (elastic oscillating fin propulsion system) を発端とする。圧力計や音波計に代表される，遊泳深度や高度などを感知するセンサにて，ロボットの中（内界）と外（外界）の状況を感知する。制御装置で遊泳目標を達成する運動制御信号を演算し，アクチュエータである鰭機構と**モータ**（motor）への指令信号を与え，魚ロボットを遊泳させる。電池内蔵であるためケーブルなしで泳ぐことができる。

魚ロボットは**図 2.5** に示すような革新的開発期を経ていくつかの進化を行い，そのたびに技術的問題に直面し，失敗により評価が下がり開発に挫折しそうになりながらも問題を克服し，評価を高めつつ持続的開発を行い，今日に至っている。

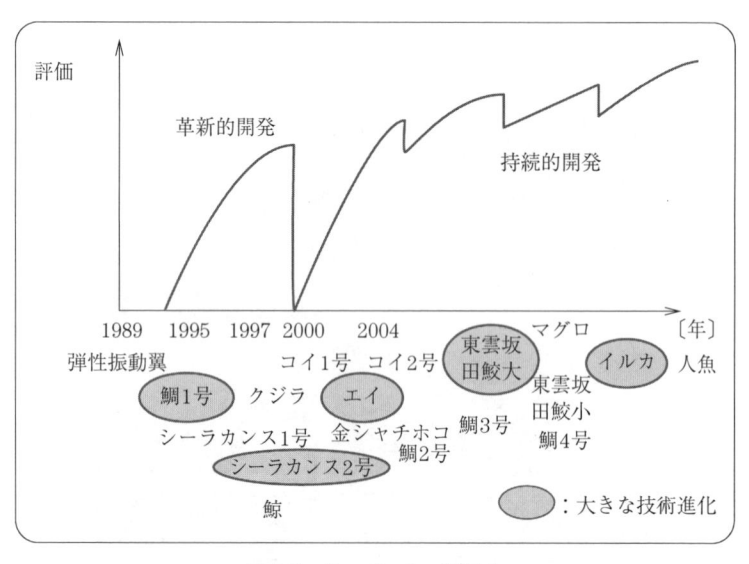

図 2.5　魚ロボットの開発史

鯛ロボット（図 2.6～2.8）に始まり，シーラカンスロボット，鯉ロボット，金の鯱鉾ロボット（図 2.9），エイロボット（図 2.10），マグロロボット（図 2.11），東雲坂田（シノノメサカタ）サメロボット（図 2.12）や大型哺乳水生動物であるクジラやイルカロボットの実現にまで至っている（7 章のコラム 4 参照）。

2.1 ロボットの定義と種類　　7

図 2.6　鯛ロボット外観

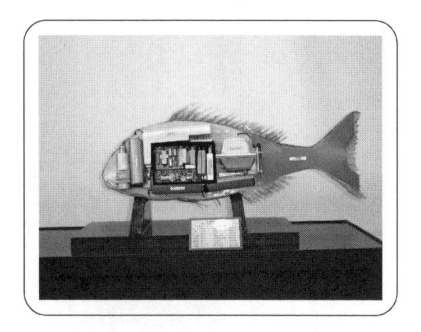

図 2.7　鯛ロボット内部

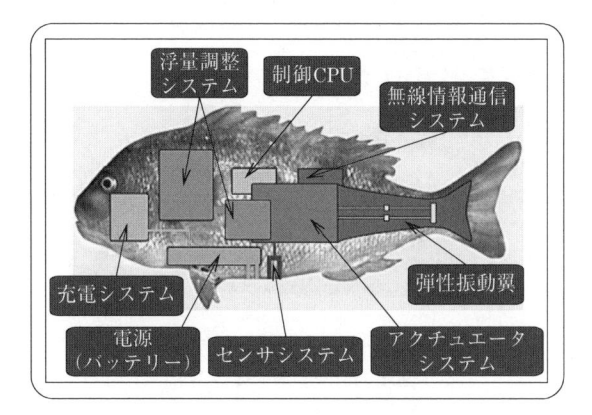

図 2.8　鯛ロボット機器配置図

図 2.9　金の鯱鉾ロボット

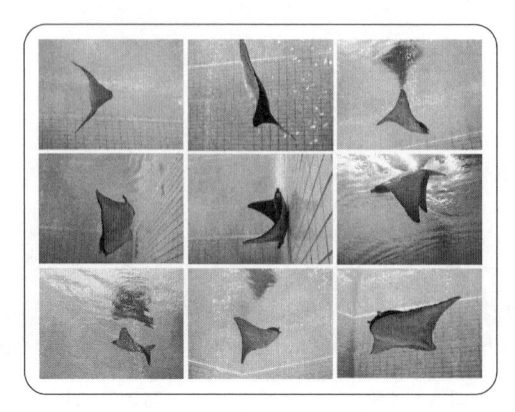

8 　2．ロボットに学ぶ機械力学・振動学の基礎

図 2.10　エイロボット

図 2.11　マグロロボット

海水での遊泳実験に成功

図 2.12　東雲坂田（シノノメサカタ）サメロボット

産業用ロボットは工場で使われる溶接ロボット，鋼材切断ロボット，組立てロボット，塗装ロボットなど数多く存在する．人間の手など，人の機能を代用するものが多い．図 2.13 に筆者の開発した把持ロボット（grasping robot）を示す．ものを形状にあわせて柔らかくつかむことができるハンドを用いたロボットであり，医療用鉗子（forceps），ピンセット（extractor）や各種作業用のロボットのハンドに用いられている．

図 2.13 外科手術用鉗子ロボットハンド

2.2 ロボットで機械力学を学ぼう

ロボットは，機械（machine）と電子回路（electronic circuit）が組み合わされた，いわばメカトロニクス（mechatronics）の代表例といえる．したがって，質量，ばね，ダンパからなる機械系の運動，さらに機械系を安定に動作させるための自動制御を含む，機械力学の絶好の具体例ということができる．機械力学では，1自由度（single degree of freedom system）の単振動（simple harmonic motion）からはじまり，多自由度系（multi degree of freedom system），回転系（rotational system）の振動をおもに扱う．以下に述べる機

械振動学（mechanical vibrations）もその重要な構成要素である。

例えば，図 2.14 に示す地球環境観測飛行ロボットの開発においても，設計時に機械力学を用いて飛行ロボットの 3 次元運動解析を行い，製作を行う。

機種を改良する際にも安定した飛行を可能とするメカニズム設計や制御系開発のために機械力学が重要である。

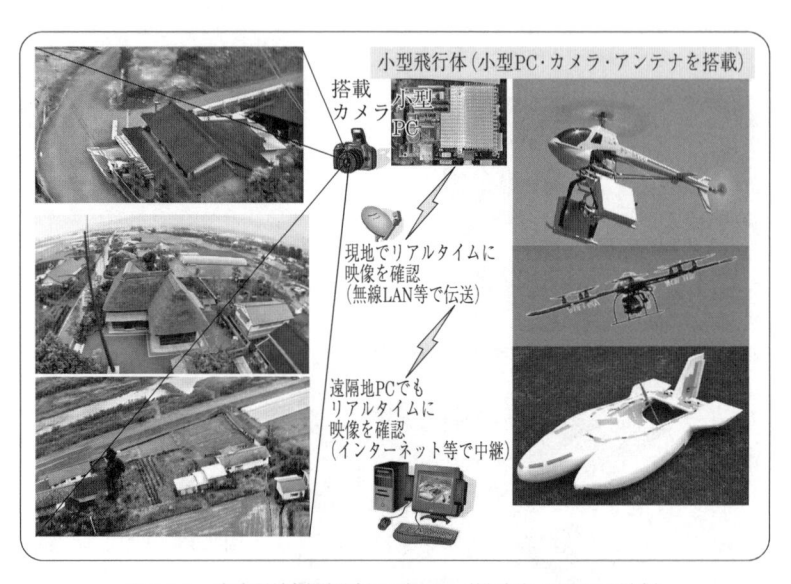

図 2.14 地球環境観測飛行ロボット（総務省 SCOPE 研究）

2.3 ロボットで機械振動学を学ぼう

機械振動を活用したロボットの代表例は**魚ロボット**（robotic fish）である。**尾ひれ**（tail fin）を振動させてロボットの運動推進力を得る仕組みを特長としている。尾ひれは左右に周期的な振動で振られるが，ここで尾ひれを左右に 1 回振る時間が 2 秒であれば，振動の周期は 2 秒であるという。単位時間の振動回数は振動数と呼ばれ，周期の逆数であり，この場合 0.5 Hz（ヘルツ）であるという。また，尾ひれの左右に振る幅を振幅という。尾ひれの振動数を高く，すなわち，単位時間の振動回数を大きくすれば振動のエネルギーが大きく

なり，魚ロボットが速く進んでいくことは容易に考察できる。これは，振動のエネルギーが振動数の2乗に比例するからである。また，ひれの振動振幅を大きくすると振動のエネルギーが大きくなり，魚ロボットの速度が大きくなることもわかると思う。これも，振動のエネルギーが振幅の2乗に比例するからである。さらに，振動のエネルギーは魚ロボットの質量に比例する。つまり，大きな魚ロボットほど振動のエネルギーが大きくなる。

また，効率的な推進を得るために図2.15に示すような魚ロボットの翼や尾ひれの振動試験を行い，機械メカニズムを開発する。

図2.15　魚ロボットの翼や尾ひれの振動試験

コラム1

機械力学は工学の基本である

　機械力学はロボット・メカトロニクスのみならず，エンジニアを志すすべての人にとって基本となる学問である。工業製品は企画，設計，開発，製造，試験を経て客先に納入され運用されるが，どの段階においも機械力学の知識と考え方は必要である。機械力学は製品の基幹となる哲学であり，工学的考えの方向性を定める羅針盤のようなものである。

　まずは，機械力学の基礎をしっかり学ぼう。

3. 質点の運動

機械の運動は理解を容易にするために，まず，機械を質点とみなして基本的な力学運動を考える。そこで，本章では，質点の運動，運動の法則，運動量，力積，角運動量，円運動といった質点の基本的な運動原理について述べる。

3.1 質点の運動とは

3.1.1 質点の定義

機械は物体であり，大きさと**質量**（mass）を持つ。自動車や航空機などの機械の**運動**（motion）は，機械を大きさのない点と考えると論じやすい。**質量を持つ大きさのない点を質点**（particle）という。本章では質点の運動を考える。物体の運動は一般的に 3 次元の空間運動であり，その特別な場合が 1 次元の直線運動や 2 次元の平面運動となる。それらの物体の運動はその重心の運動で代表すると考えやすいため，物体の大きさを無視して質点の運動としてとらえる。

3 次元空間における質点 $P(x, y, z)$ について考えてみよう。ここで**位置ベクトル**（position vector）の定義が重要である。すなわち，**図 3.1** に示すよう

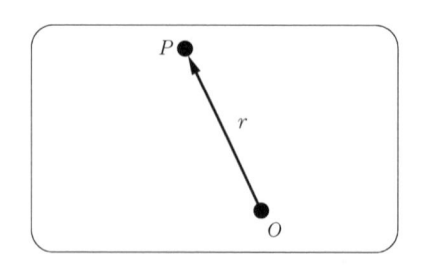

図 3.1　質点の位置ベクトル

に，原点 O から点 P まで矢印の付いた直線 r を引くとき，r は質点 P の位置ベクトルという。次式のようにベクトル成分を用いて表す。

$$r=(x,y,z) \tag{3.1}$$

3.1.2 質点の変位ベクトル

質点の運動の軌跡，すなわち，質点の軌道は位置ベクトルの**変位**（displacement）として記述できる。図 3.2 に示すように，時刻 t における質点の位置を P，位置ベクトルを $r(t)$ とすると，時刻 $t+\Delta t$ における質点の位置 P' は点 P から点 P' への変位ベクトルを Δr として

$$r(t+\Delta t) \tag{3.2}$$

と表せる。よって，ベクトル和の定義より

$$r(t+\Delta t)=r(t)+\Delta r \tag{3.3}$$

となり，ゆえに

$$\Delta r=r(t+\Delta t)-r(t) \tag{3.4}$$

と変位ベクトル Δr を表せる。

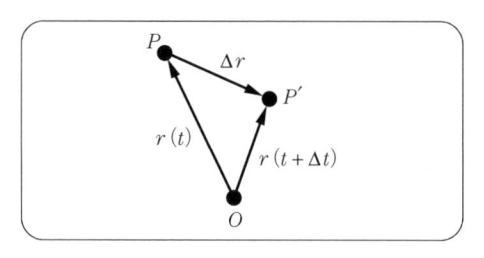

図 3.2 変位ベクトル

また，**速度**（velocity）v と**加速度**（acceleration）a は位置ベクトルによりつぎのように表記できる。

$$v=\frac{dr}{dt}=\dot{r} \tag{3.5}$$

$$a=\frac{dv}{dt}=\frac{d^2r}{dt^2}=\dot{v}=\ddot{r} \tag{3.6}$$

3.1.3 質点に働く力のつり合い

質点に n 個の力 $F_1, F_2, \cdots, F_n$ が働きその質点が平衡状態,すなわち,力が打ち消し合うことで静止していることを,**力のつり合い**(equilibrium)という。このとき,力の**合力**(resultant force)は 0(零)で

$$F_1+F_2+\cdots+F_n=\sum_{i=1}^{n}F_i=0 \tag{3.7}$$

と表される。ここで,質点に働く力は**重力**(gravity)や**束縛力**(force of constraint)などがある。

・**束縛力**

物体が斜面から抗力を受けて滑る運動や,結び付けられた糸からの張力を受ける円運動など,物体の運動を束縛,すなわち,制限する力のことを**束縛力**といい,そのときの運動を**束縛運動**(motion of constraint)という。**束縛条件**(condition of constraint)とは束縛運動をさせるべく物体に作用している**抗力**(reaction)や**張力**(tension)といった力の条件を指す。

ここで,「滑らかな」とは「**摩擦**(friction)が働かない」ことを意味する。一方,「粗い」とは「摩擦が働く」ことを意味する表現である。すなわち,滑らかな束縛とは,摩擦が働かないような束縛をいう。滑らかな束縛では,束縛力は質点を束縛している面あるいは線と垂直な方向を向く。抗力については特に垂直抗力という。しかし,現実には必ず摩擦力は作用しており,これを粗い束縛という。また,粗い束縛の生じる床を粗い床と,それぞれ呼んでいる。摩擦力は物体が動こうとする向きと逆向きに働くことに注意しよう。

なお,摩擦力は物体の運動と逆向きに働き,静止している物体に働く摩擦力を**静止摩擦力**(force of static friction),運動している物体に働く摩擦力を**動摩擦力**(force of dynamic friction)という。物体が動き出す直前の摩擦力を**最大摩擦力**(force of maximum friction)という。最大摩擦力=**静止摩擦係数**(static friction coefficient)×**垂直抗力**(vertical reaction)である。また,運動している物体に働く摩擦力を動摩擦力という。動摩擦力=動摩擦係数×垂直抗力である。

3.2 質点の位置, 速度, 加速度

3.2.1 直線運動
・一直線上の運動

物体が1次元運動, すなわち, 一つの座標軸上を運動する場合を考える。物体が一直線上を進むような運動を直線運動という。この物体が x 軸上を正の向きに進むとし, x 軸上に原点 O を選び, 時刻 t における物体の位置座標を x とする。このとき, 位置座標 x が時刻 t によって一意に決まれば, 物体の運動は時刻により決定される。このとき, 物体の位置座標が時刻の関数になっている。運動する物体は速さと加速度を有する。ここで, 運動する物体を考える際の重要な概念である, 平均の速さ, 瞬間的な速さ, 平均加速度, 瞬間的な加速度について定義する。

3.2.2 速度
〔1〕 平均の速さ

時刻 t から微小時間 Δt 後の時刻 $t+\Delta t$ における物体の位置を $x+\Delta x$ とする。すなわち, 時間 Δt の間に物体は Δx だけ進むとする。ここで, x は t の関数であるから, 関数表示して $x(t)$ とおくと

$$\Delta x = x(t+\Delta t) - x(t) \tag{3.8}$$

が成り立つ, さらに

$$\frac{\Delta x}{\Delta t} = \frac{x(t+\Delta t) - x(t)}{\Delta t} \tag{3.9}$$

となり, これは時間 Δt における**平均の速さ**（average velocity）という。

〔2〕 瞬間的な速さ

平均の早さの式(3.9)について, 時間が著しく 0（零）に近い, すなわち, $\Delta t \to 0$ の極値をとると一定値 v に近づく。すなわち

16   3. 質点の運動

$$v = \lim_{\Delta t \to 0} \frac{\Delta x}{\Delta t} = \frac{dx}{dt} = \dot{x} \tag{3.10}$$

となる。この v は時刻 t における瞬間的な速さ，あるいは単に**速さ**（velocity）と呼ばれ，単位は〔m/s〕である。また，速さが一定の運動を**等速運動**（uniform motion）という。

3.2.3 加　速　度
〔1〕 平均加速度

物体が直線上を運動するとき，その速度は時刻 t の関数になっており，関数表示して $v(t)$ と表される。時刻が t から微小時間 Δt だけ経過する，すなわち，時刻が t から $t+\Delta t$ まで変化するとき，その速度は $v(t)$ から Δv だけ変化して $v(t+\Delta t)$ になる。この変化は

$$\Delta v = v(t+\Delta t) - v(t) \tag{3.11}$$

と記述できる。このとき

$$\frac{\Delta v}{\Delta t} = \frac{v(t+\Delta t) - v(t)}{\Delta t} \tag{3.12}$$

であり，これを時間 Δt の間の**平均加速度**（average acceleration）という。

〔2〕 瞬間的な加速度

平均加速度の式について，さらに $\Delta t \to 0$ の極限を考えると，時刻 t における瞬間的な加速度 a を次式で定義することができる。単位は〔m/s²〕である。a は「瞬間的な」の表現を削除して，単に**加速度**（acceleration）ともいう。

$$a = \lim_{\Delta t \to 0} \frac{\Delta v}{\Delta t} = \frac{dv}{dt} = \dot{v} \tag{3.13}$$

$a>0$ のときは加速運動，$a=0$ のときは等速運動，$a<0$ のときは減速運動である。すなわち，負の加速度の場合は減速運動を示している。また，加速度が一定値であるとき，その運動は**等加速度運動**（uniformly accelerated motion）という。

3.3 運動の法則

3.3.1 ニュートンの運動法則

機械力学はニュートンの運動法則を基本とする。ニュートンの運動法則はニュートンによってまとめられた三つの運動の法則であり，質点の運動に関する基本的な法則である。以下にニュートンの運動法則をまとめる。

第1法則（慣性の法則）：the first law of motion（law of inertia）

外力が加わらなければ，質点はその運動（静止）状態を維持する。すなわち，外力が加わらなければ質点は等速度運動（等速直線運動）を行う。なお，慣性の法則はガリレオによって見出された法則である。

第2法則（ニュートンの運動方程式）：the second law of motion（Newton's equation of motion）

質点の加速度は，作用する力の大きさに比例し，質量に反比例する。

質点の運動方程式を考える上での出発点となる法則である。なお，ニュートンは最初に「質点の運動量の微分が作用する力に等しい」ことを法則として見出した。運動量については3.4.1節にて述べる。

第3法則（作用・反作用の法則）：the third law of motion（law of action and reaction）

二つの質点間に働く力は一方の質点に作用する力とともに，他方への反作用の力がある。作用・反作用の力は互いに大きさが等しく，方向が逆である。作用した力と同じ大きさの力が作用する方向と逆向きに反作用の力として返ってくることは，机を拳で叩くときに実感できる。なお，力の作用する点を**作用点**（point of application）という。

〔1〕 **ニュートンの運動方程式**

運動の第2法則によると，質量 m，加速度 a，力 F の間には，$F=ma$ という関係が成り立つ。微分方程式では

$$ma = m\frac{d^2r}{dt^2} = F \qquad (3.14)$$

と表され，これはニュートンの運動方程式と呼ばれる．力 F を x, y, z 成分で表すと

$$m\ddot{x} = F_x \qquad (3.15)$$
$$m\ddot{y} = F_y \qquad (3.16)$$
$$m\ddot{z} = F_z \qquad (3.17)$$

となる．F_x, F_y, F_z は，位置 r，速度 v，時間 t の関数であることから，これらの微分方程式における x, y, z も t の関数として考えることができる．

ここでは，物体の自由落下と放物運動を考えよう．

〔2〕 **自由落下**

自由落下 (free fall) とは，物体を静かに放して落下させたときの運動である．物体の初速度がない場合を考えればよい．このとき，物体は静止状態から鉛直下向きに直線的に加速度 g で加速しながら落下する．物体の質量を m とすると，鉛直下向きに重力 mg が作用していると記述できる．すなわち，運動方程式は

$$m\ddot{x} = mg \qquad (3.18)$$

である．よって

$$\ddot{x} = g \qquad (3.19)$$

となる．この微分方程式を解くと，質点の速度 v，座標 x が求められる．落下の瞬間を $t = 0$ とすれば

$$v = \int \ddot{x} dt = gt \qquad (3.20)$$
$$x = \int v dt = \frac{1}{2}gt^2 \qquad (3.21)$$

となる．

〔3〕 **放物運動**

放物運動 (parabolic motion) とは，図 3.3 に示すように，質点を水平面に対し斜めに投げ上げたときの質点の運動をいう．質点は放物線の軌跡を描く．

x 軸を水平方向に，y 軸を鉛直上向きに取った xy 平面内で質量 m の質点が放物運動をする場合を考える．

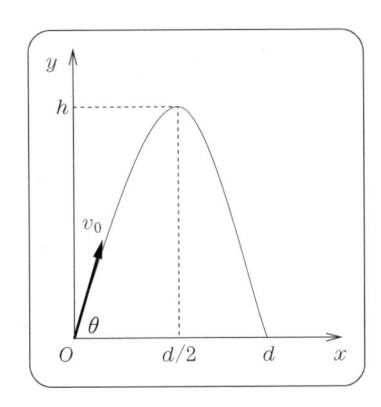

図 3.3　放物線の軌跡

ここでは，質点の運動は xy 面内で起こるものとする．すなわち，3 次元運動ではなく，2 次元運動を考える．質点の質量を m とすれば，重力の y 方向の成分は mg である．ここで質点に作用する空気抵抗を無視すると，運動方程式は

$$m\ddot{x}=0 \tag{3.22}$$

$$m\ddot{y}=-mg \tag{3.23}$$

となる．上記の運動方程式から

$$\ddot{x}=0 \tag{3.24}$$

$$\ddot{y}=-g \tag{3.25}$$

であるが，初期条件，すなわち，$t=0$ における条件は

$$\dot{x}=v_0 \cos\theta \tag{3.26}$$

$$\dot{y}=v_0 \sin\theta - gt \tag{3.27}$$

ただし $x=0$ のとき，$y=0$ となる．これらの微分方程式を解くことで

$$x=v_0 t \cos\theta \tag{3.28}$$

$$y=v_0 t \sin\theta - \frac{1}{2}gt^2 \tag{3.29}$$

が導かれる．式(3.28)より

$$t = \frac{x}{v_0 \cos\theta}$$

となり，式(3.29)に代入すると xy 面内において

$$y = x\tan\theta - \frac{g}{2v_0^2 \cos^2\theta} x^2 \tag{3.30}$$

であり，x, y の運動の軌跡が放物線となることがわかる．水平面内では $y=0$ であるから，到達距離 d は

$$d = \frac{2v_0^2 \cos^2\theta}{g}\tan\theta = \frac{2v_0^2 \cos\theta \sin\theta}{g} = \frac{v_0^2 \sin 2\theta}{g} \tag{3.31}$$

となる．放物線の頂点の高さ h は

$$x = \frac{d}{2} = \frac{v_0^2 \cos\theta \sin\theta}{g}$$

を式(3.30)に代入し

$$h = \frac{v_0^2 \cos\theta \sin\theta}{g}\tan\theta - \frac{g}{2v_0^2 \cos^2\theta}\frac{v_0^4 \cos^2\theta \sin^2\theta}{g^2} = \frac{v_0^2 \sin^2\theta}{2g} \tag{3.32}$$

となる．

　式(3.31)より，遠方まで物体を到達させるには 45°の上向き方向に投げればよいことがわかる．物体の投げ上げ問題は飛行体関係の軌道設計に用いられる．

〔4〕 **物体の3次元運動表現**

　物体の運動は，**3次元運動** (three degree of freedom motion)，すなわち，座標空間における位置座標 (x, y, z) の時刻 t に関する関数として表現できる．座標系ごと運動しているケースでは，**座標系** (coordinate system) に属する運動の表現も変わる．例えば，物体を中心とした座標系から見れば，物体が運動していても，その物体はつねに静止していることになる．また，3.3.2項で述べるように**慣性系** (inertial systems) で運動しているか，**非慣性系** (non inertial systems) で運動しているかで表現が変わる．

3.3.2 慣性系の運動
〔1〕 慣性系
ニュートンの運動の第1法則に従う座標系は慣性系(慣性座標系)と呼ばれる。一般的に,地球上で地面を中心とした座標系は慣性系とみなされることが多い。また,慣性系から見て等速度運動をしている座標系はやはり慣性系とみなすことができる。例えば,人工衛星の運動は地球を原点とする慣性系の運動となる。

〔2〕 慣性系における運動の法則
ニュートンの運動の第2法則は慣性系において成り立つ。したがって,等速度運動をしている乗り物の中における物体の運動も地面における物体の運動と同じとみなせる。

3.3.3 非慣性系の運動
〔1〕 非慣性系
慣性系に対し加速度運動をしている座標系は非慣性系と呼ばれる。非慣性系では,ニュートンの運動の第1法則および第2法則が成立しない。日常体験できる身近な例では,電車が加速度運動をしているとき,電車内の吊革は進行方向に対し後方に傾き,その振動周期は電車が等速度運動をしているときより短くなる。電車やバスが急発進や急停車したときに加速度方向と逆向きに力を感じた人は多いはずである。この力を**慣性力**(inertial force)という。

〔2〕 慣性力
非慣性系において,物体の質量を m,その非慣性系の慣性系に対する加速度 a,物体に加速度ベクトルと逆向きの力 $-ma$ を付加すると,慣性系と同様にニュートンの運動の第1法則および第2法則が成立する。このように,加速度のある座標系で,加速度と逆向きに付加する力は**慣性力**と呼ばれている。電車やバスに乗っていて,日常的に体感できる力である。

3.3.4　万有引力の法則

機械など質量を持つ物体は地上では束縛力が無ければ，地面に落下する。地球上の物体は地球の中心に向かって力が働いているからである。これを**万有引力の法則** (law of universal gravitation) という。

距離 r の位置関係にある二つの質点，質量は m と m' を考え二つの質点の間には

$$F = G\frac{mm'}{r^2} \tag{3.33}$$

という大きさのお互いに引き寄せ合う力が働いており，これを万有引力と呼ぶ。ただし，G は比例定数で，**万有引力定数** (constant of universal gravitation) と呼ばれている。この G を SI 単位系で表すと，その値は

$$G = 6.67 \times 10^{-11}\,\text{N·m}^2/\text{kg}^2 \tag{3.34}$$

となる。

3.3.5　ケプラーの法則

16世紀から17世紀にかけて活躍したドイツの科学者ケプラーは天体の実測に基づき，惑星の運行に関する法則を発見した。これを**ケプラーの法則** (Kepler's law) と呼ぶ。

図 3.4 のように，太陽のまわりを公転する惑星の運動の運行を考えると，ケ

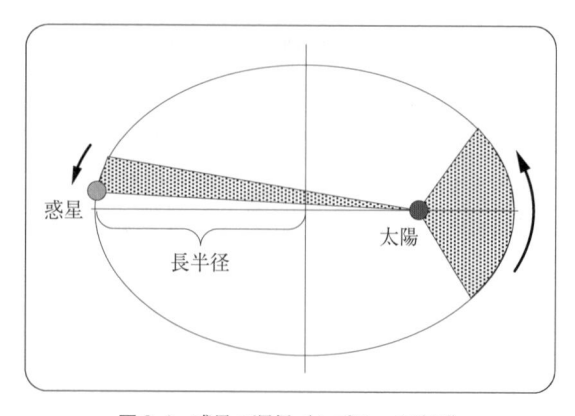

図 3.4　惑星の運行（ケプラーの法則）

プラーの法則は，つぎの三つの法則より成る。

第 1 法則：惑星は太陽を一つの焦点とする**楕円軌道**（elliptical orbit）を描いて公転している。
第 2 法則：惑星と太陽を結ぶ直線が一定時間に描く面積は一定である。
第 3 法則：惑星の公転周期の 2 乗は楕円軌道の長半径の 3 乗に比例する。

3.4 運動量と力積

3.4.1 運動量と運動方程式

質量 m の質点が速度 v で運動しているとき，質量と速度とを乗算した物理量 mv を**運動量**（momentum）という。すなわち

$$p = mv \tag{3.35}$$

で定義される p をその質点の運動量という。m が一定の場合，ニュートンの運動方程式は

$$\frac{dp}{dt} = F \tag{3.36}$$

と表される。すなわち，運動量の時間微分（増す速さ）は働く力に等しい。ニュートンが最初に運動の法則を表したのは式(3.36)の形であった。この式で $F=0$ のとき，運動量は時間 t によらず一定となる。すなわち，この場合，運動量は運動の定数となる。なお，$F \neq 0$ の場合でも p のある成分が運動の定数となることもある。運動量の大きさの単位は〔kg·m/s〕である。

3.4.2 力　積

式(3.36)の両辺を時刻 t_1 から時刻 t_2 まで時間に関して積分すると

$$p_2 - p_1 = I \tag{3.37}$$

と記述できる。ただし，p_2, p_1 はそれぞれ時刻 t_2, t_1 における運動量で

$$I = \int_{t_1}^{t_2} F \, dt \tag{3.38}$$

と定義される．式(3.38)の I，すなわち，力 F とこれが働いた時間との相乗積を**力積**（impulse）という．上の２式からわかるように，**ある時間内の運動量の増加はその時間内に質点に作用する力積に等しい**．力積はきわめて大きな力がきわめて短い時間に働く場合を考えるときの物理現象を説明しやすく，このような力を**撃力**（impact force）と呼ぶ．撃力は日常生活でもよく見られる力である．車の衝突など物体と物体が衝突するときの力は撃力である．

3.5　角運動量と円運動

3.5.1　角運動量

点 O を基準にしたとき，力 F を受けて運動している質量 m の質点の位置ベクトルが r，運動量が p であるとき，r と p の外積，すなわち

$$L = r \times p \tag{3.39}$$

で表される L を，質点が点 O のまわりに持つ**角運動量**（angular momentum）という．

角運動量は運動量のモーメントと定義される．角運動量の大きさの単位は〔kg・m²/s〕である．L は r と p のなす平面に垂直である．$p = m\dot{r}$ であることから，L は

$$L = m(r \times \dot{r}) \tag{3.40}$$

と表現できる．なお，角運動量を時間微分すると力のモーメントが得られる．すなわち

$$\frac{dL}{dt} = \frac{d}{dt}m(r \times \dot{r}) = m(\dot{r} \times \dot{r}) + m(r \times \ddot{r}) \tag{3.41}$$

である．ここで

$$\dot{r} \times \dot{r} = 0 \tag{3.42}$$

であり，$m\ddot{r} = F$ より

$$\dot{L} = N \tag{3.43}$$

$$N = r \times F \tag{3.44}$$

となる。この外積,すなわち,ベクトル積 $N=r\times F$ の N は,力 F の点 O に関する**力のモーメント** (moment of force) と呼ばれる。$N=0$ すなわちモーメントが作用しないとき L は一定となり,角運動量は変化しない。この現象は**角運動量保存則** (law of conservation of angular momentum) と呼ばれている。

角運動量を応用すると平面上の質点の運動が考えやすくなる。xy 面上に位置ベクトル r,運動量 p が

$$r=(x, y, 0), \quad p=(p_x, p_y, 0) \tag{3.45}$$

と表される場合,$z=0$,$p_z=0$ なので

$$L_x = yp_z - zp_y = 0 \tag{3.46}$$

$$L_y = zp_x - xp_z = 0 \tag{3.47}$$

$$L_z = xp_y - yp_x \tag{3.48}$$

となり,L は z 成分のみ値を持っており,z 方向を向いている。これは次項の円運動を考える際に重要となる。

3.5.2 円 運 動

・円運動の角運動量

円運動 (circular motion) は回転する機械を考える上で重要な運動である。質量 m の質点 P が,xy 面上で原点 O を中心に半径 r の円運動を行っているとする。**角変位** (angular displacement) (回転角ともいう) を θ とすれば,点 P の x, y 座標は

$$x = r\cos\theta \tag{3.49}$$

$$y = r\sin\theta \tag{3.50}$$

となる。上式を時間微分すると

$$\dot{x} = -r\dot{\theta}\sin\theta \tag{3.51}$$

$$\dot{y} = r\dot{\theta}\cos\theta \tag{3.52}$$

である。ここで,$\dot{\theta}$ を**角速度** (angular velocity) という。平面上の質点の運動は,式 (3.48) より $L_z = m(x\dot{y} - y\dot{x})$ であるから,この質点の円運動は次式に

て表される。

$$L_z = mr^2\dot{\theta} \tag{3.53}$$

なお，L_z の方向は z 軸方向である。

角速度 $\dot{\theta}$ が一定値 ω のとき，この円運動を特に**等速円運動**（uniform circular motion）と呼ぶ。このとき

$$\dot{\theta} = \omega \tag{3.54}$$

であるから，積分すると

$$\theta = \omega t + \alpha \tag{3.55}$$

となる。ここで，α は一定値である。

$$x = r\cos(\omega t + \alpha) \tag{3.56}$$

$$y = r\sin(\omega t + \alpha) \tag{3.57}$$

$$\dot{x} = -r\omega \sin(\omega t + \alpha) \tag{3.58}$$

$$\dot{y} = r\omega \cos(\omega t + \alpha) \tag{3.59}$$

となるから，質点の速さ v に対し

$$v^2 = r^2\omega^2 \tag{3.60}$$

である。v は平方根の正の値をとって

$$v = r|\omega| \tag{3.61}$$

$\dot{x}$, $\dot{y}$ をさらに t で微分すると

$$\ddot{x} = -\omega^2 x \tag{3.62}$$

$$\ddot{y} = -\omega^2 y \tag{3.63}$$

よって，加速度 a と位置ベクトル r にはつぎの関係が成り立つ。

$$a = -\omega^2 r \tag{3.64}$$

質量 m の質量 P に加速度 a が働くとき，力は $F = ma$ と書けるので質点には半径 r の円の中心に向かって

$$F = mr\omega^2 \tag{3.65}$$

という力が作用しており，これは向心力と呼ばれている。なお，非慣性系，すなわち，回転する機械の中ではダランベールの原理により円の外側に向いて向心力と同じ大きさの見掛けの力が作用する。これを**遠心力**（centrifugal force) と呼ぶ.

・周期と回転数

質点が半径 r の円周上で角速度 ω の円運動をしており,時間 T で一回転するとき,円周の長さは $2\pi r$,質点の速さは $r\omega$ である.よって

$$T=\frac{2\pi r}{r\omega}=\frac{2\pi}{\omega} \tag{3.66}$$

という関係になっている.この時間 T は**周期**(period)と呼ばれている.周期の逆数は 1 秒間に質点が回転する回数であり,これを**回転数**(rotational speed)あるいは**振動数**(frequency)という.

周期 T と回転数 ν は

$$\nu=\frac{1}{T}=\frac{\omega}{2\pi} \tag{3.67}$$

のような関係になる.周期 T の単位は秒([sec] または [s]),回転数 ν の単位はヘルツ [Hz] を用いる.

コラム 2

機械力学は日常生活で役立つ

例えば,バスや電車に乗っていて急発進したら人にどのような力が働くだろうか.非慣性系では物体の加速度運動と逆向きの方向に力が働くことを知っていればすぐに予想がつく.このように日常の生活の中でも機械力学の知識があれば,物体の運動の予測ができ,乗り物内での転倒防止など危険の事前回避に役立つ.皆さんも身のまわりの物体の運動を機械力学の知識で予測してみよう.

28   3. 質点の運動

◇演 習 問 題◇

[**3.1**] 質量 m の質点を初速度 v_0 で水平面と θ の角をなす方向に投げ上げる。質点の初速度の水平成分が正となる向きに x 軸をとり，鉛直上向きに z 軸とする。質点には重力だけが働くとし，重力加速度の大きさを g とする。空気抵抗は無視してよい。
（1）質点の x 軸方向，z 軸方向の運動方程式を求めよ。また，質点の軌道が放物線であることを示せ。
（2）質点が最高点に達したときの最高点の高さ z_0 を求めよ。
（3）質点が最大距離に到達するときの θ の値と最大到達距離 d を求めよ。

[**3.2**] 静止している質量 m [kg] の物体に，時間 t [s] だけ一定の推進力を連続して加えたら，速度が v [m/s] になった。物体に加えた推進力 [N] の大きさを求めよ。重力の影響と空気抵抗は無視してよい。

[**3.3**] 一定の推進力 F [N] で時間 T [s] の間働く能力を持つ推進装置を有する全質量 M [kg] の物体を地上より鉛直上方に向けて発射すると，達する高さ [m] はいくらか。重力加速度の大きさを g [m/s^2] とし，推進装置の燃料消費による質量変化はないものとする。空気抵抗は無視してよい。

[**3.4**] 平板状の物体が一定の高度を保ちながら，旋回半径 R [m] で地表上空を飛んでいる。物体の水平面とのなす角度，すなわち，傾斜角を 45° とすれば，飛んでいる速さ [m/s] はいくらか。物体に働く力は重力，遠心力，揚力のみとし，揚力は平板の法線方向上向きに働くものとする。重力加速度の大きさを g [m/s^2] とし，物体の大きさと空気抵抗は無視してよい。

[**3.5**] 地表にて，初速度 v_0 [m/s] をもって水平となす角 α で物体を投げたとき，目標点の手前 a [m] の距離の所に落ち，水平となす角 β で物体を投げたとき，目標点より先 b [m] の距離の所に落ちた。このとき，以下の問いに答えよ。
　　ただし，水平方向を x 軸とし，物体を投げる方向を x 軸正方向，鉛直方向を y 軸とし，鉛直上向き方向を y 軸正方向とする。また，物体を投げた地点を座標軸原点とし，重力加速度の大きさを g [m/s^2] とする。空気抵抗は無視してよい。
（1）物体の x 軸方向 y 軸方向の運動方程式をそれぞれ求めよ。
（2）初速度 v_0 [m/s] をもって，水平となす角 α で物体を投げたとき，物体の最大高さ h [m]，最大高さに至るまでの時間 t [s]，物体の到達距離 s [m] を求めよ。
（3）目標点に的中させるとき，a, b, α, β 間に成り立つ等式関係を表せ。

4. 質点系の運動

機械はいくつもの部品から構成され，これは，機械を複数の質点からなる質点系として考える必要性を意味する。そこで，本章では，質点系の運動と運動量保存則，質点の衝突の基礎について述べる。

4.1 質点系の運動とは

3章で述べたように，質点とは，質量を持つ大きさのない点である。質点系とは質点の集まった集合体を意味する。飛行機の運動も，主翼，尾翼，胴体を質点と考えれば，それらが集まった質点系として運動を考えることができる。

・質点系の定義

質点系（system of particles）とは，**何個かの質点の集合体をひとまとめにしたもの**と定義される。ここで，図 4.1 に示すように，質量 m_i，位置ベクトル r_i となる n 個の質点（$i=1, 2, \cdots, n$）からなる質点系を考え，この質点系の境界の中にあると考え，その外側にあるものを系外，内側にあるものを系内と呼ぶ。このとき，系内の質点に働く力は，系外のものから受ける力（**外力**（external force））と系内のものから受ける力（**内力**（internal force））とに分かれる。

ここで，i 番目の質点に働く力を F_i，j 番目の質点（$j \neq i$）がこれに及ぼす内力を F_{ij} とする。運動方程式は

$$m_i \ddot{r}_i = F_i + (F_{i1} + F_{i2} + F_{i3} + \cdots + F_{ij}) \tag{4.1}$$

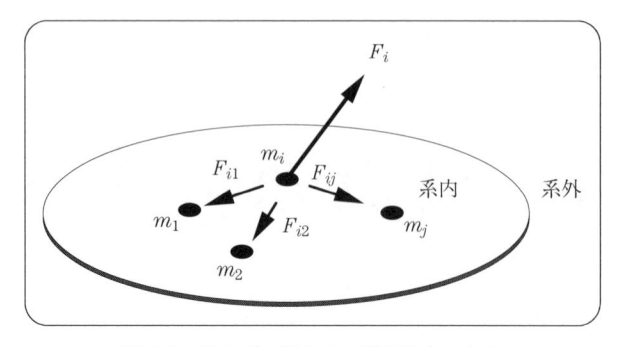

図 4.1　質点系の質点 i に働く外力・内力

系内のすべての質点について，このような式を作って和をとると

$$\sum_{i=1}^{n} m_i \ddot{r}_i = \sum_{i=1}^{n} F_i + \sum_{i \neq j}^{n} F_{ij} \tag{4.2}$$

このとき作用反作用の法則により

$$F_{ij} = -F_{ji} \tag{4.3}$$

であるから式(4.2)の内力に関する項はすべて打ち消して

$$m_1 \ddot{r}_1 + m_2 \ddot{r}_2 + \cdots + m_n \ddot{r}_n = F_1 + F_2 + \cdots + F_n \tag{4.4}$$

という方程式が導かれる。

4.2　運動量保存則

4.1節の式において，外力の和が0だと全運動量は一定に保たれることがわかる。これを**運動量保存則**（law of conservation of momentum）という。

質点系の全運動量 P は，i 番目の質点の運動量を $p_i = m_i v_i = m_i \dot{r}_i$ と表すと

$$P = p_1 + p_2 + \cdots + p_n = m_1 \dot{r}_1 + m_2 \dot{r}_2 + \cdots + m_n \dot{r}_n \tag{4.5}$$

と定義される。この P を時間微分すると

$$\frac{dP}{dt} = F \quad \text{（ただし，F は外力で，$F = \sum_{i=1}^{n} F_i$）}$$

となる。

すなわち，質点系の全運動量を時間微分すると外力の総和に等しくなる。特に，F が 0 の場合

$$\frac{dP}{dt}=0$$

で P は一定のベクトルとなり全運動量が保存されていることがわかる。

・**重　心**

位置ベクトル

$$r_G=\frac{m_1r_1+m_2r_2+\cdots+m_nr_n}{m_1+m_2+\cdots+m_n} \tag{4.6}$$

で定義される点を質点系の**重心**（center of gravity）という。質点系中に含まれる質点の全質量を M とすれば

$$M=m_1+m_2+\cdots+m_n \tag{4.7}$$

よって

$$Mr_G=m_1r_1+m_2r_2+\cdots+m_nr_n \tag{4.8}$$

となり，重心に対する運動方程式は

$$M\ddot{r}_G=F \tag{4.9}$$

と表される。

　質点系の全質量が重心に集中したとし，各質点に働くすべての外力の和が重心に働くと考えると，重心を質点のように扱ってよいことがわかる。多くの部品からなる機械の運動は，まず機械全体の重心の運動を考えるとよい。

4.3　質　点　の　衝　突

　車の衝突や部品の落下など，機械の**衝突**（collision）は安全な製品を生み出す過程で重要な設計要素となる。ここでは機械を質点とみなす。質点の衝突を考えるとき，**反発係数**（あるいは，**はねかえりの係数**とも呼ぶ）（coefficient of restitution (rebound)）を用いて運動を論じる。反発係数 e は以下の式で定義される。

$$\frac{\text{衝突後の相対速度}}{\text{衝突前の相対速度}} = \frac{v'_2 - v'_1}{v_2 - v_1} = -e \quad (\text{反発係数})\ (0 \leq e \leq 1)$$

$e=1$ のとき，**完全弾性衝突**（complete elastic collision）と呼ばれ，衝突前後でのエネルギー損失はない。

$e=0$ のとき，衝突した質点は**合体**（combination）し，衝突後に同一速度（$v'_2 = v'_1$）となる。

二つの質点が一直線上で衝突するとき，衝突後の速度は

① 運動量保存の法則

② 反発係数

の式を連立させて解く。また，固定された壁（床）との衝突は，垂直な衝突 $v' = ev$（v' ははねかえる速さ）として考える。高さ h から落としてはねかえる高さ h_1 を求めると，重力加速度を g として

$$v = \sqrt{2gh}, \quad v' = \sqrt{2gh_1} \tag{4.10}$$

より

$$h_1 = e^2 h \tag{4.11}$$

さらに，なめらかな壁（床）への斜衝突はつぎのとおり考える。

（1）壁に垂直な速度成分は e 倍になる，すなわち

$$v'_y = ev_y \tag{4.12}$$

（2）壁に平行な速度成分は変わらない，すなわち

$$v'_x = v_x \tag{4.13}$$

分裂（disruption）とは，一つの質点が複数個の質点に分かれることをいう。分裂はつぎのように考える。

ここでは分裂の前後で運動量は保存されることが重要である。質量 M，速度 V の質点が，質量 m_1，m_2，速度 v_1，v_2 の2個の質点に分裂した場合の運動方程式は

$$MV = m_1 v_1 + m_2 v_2 \tag{4.14}$$

となる。はじめに物体が静止していたとき，2物体は正反対の方向に進む。

ロケットは燃料がロケット本体から分離して推進する。ロケット本体と燃料の分裂として機械力学的に考える。

◇演 習 問 題◇

〔4.1〕 全質量 M のロケットが速さ v で飛んでいるとき，その後尾から質量 m の火薬を瞬間的に後方に噴き出した。火薬はロケットに対して，V の速さで噴出されるとして，火薬を噴き出す前にロケットの持っていた運動量と，火薬を噴き出した後のロケットの速さを求めよ。

〔4.2〕 質量 m の質点が xy 面上で点 O を中心として半径 A，角速度 ω の等速円運動をしている。質点は正の向きに回転しているとして平面上質点の円運動を考え，角運動量を求めよ。

5. 力学的エネルギー

　機械の運動は力学的エネルギー問題として考えると問題解決が容易となる。そこで，本章は運動エネルギーや位置エネルギーといった力学的エネルギーとその保存則，および，仕事，仕事率の基礎について述べる。

5.1　仕事と仕事率

〔1〕　仕事の定義

　仕事という用語は日常生活の中でもよく用いられている。力学においても**仕事（work）**という用語をよく用いるが，定義は以下の通りである。

　物体に力が加わり物体が動いたとき，力は物体に仕事をしたという。

　一方，物体の視点から考えると，物体は力によって仕事をされたともいう。

　日常の生活の事例では，物を運ぶ場合に，運んだ距離が長いほど大きい仕事を行い，また同じ距離を運ぶにもそのとき用いた力が大きいほど大きい仕事をしたという感覚を持つと思う。そこで，仕事は**力×距離**の物理量にて表す。力は移動方向を正とする。ここで，仕事は正負の符号を持つことに注意してほしい。

　1Nの力を加えその力の向きに質点を1m移動させたときの仕事をジュール〔J〕と呼び，仕事の単位とする。すなわち

　　　$1\,\text{J} = 1\,\text{N·m}$

という関係が成り立つ。

　変位ベクトル Δr を導入すれば，内積，すなわち，スカラー積の定義を使っ

て ΔW を表現すると

$$\Delta W = F \cdot \Delta r \tag{5.1}$$

と記述できる。

〔2〕 仕事率の定義

単位時間当りにする仕事のことを**仕事率**(power)という。機械力学では，仕事の能率のよしあしを表す。1sの間に1Jの仕事をする場合を仕事率の単位とし，これを1ワット〔W〕という。これは蒸気機関の発展に寄与した英国の技術者，ジェームズ・ワットにちなんで名づけられた単位である。すなわち

$$1\,\text{W} = 1\,\text{J/s} \tag{5.2}$$

という関係が成り立つ。

5.2 力学的エネルギーとは

位置エネルギーと運動エネルギーの和を力学的エネルギーと定義する。本節では，まず，位置エネルギーと運動エネルギーについて説明する。

5.2.1 位置エネルギー

〔1〕 保存力

位置エネルギーを考える上で，保存力の概念理解が重要である。任意の1点からほかの任意の1点に至るまでの間になす仕事がその2点の位置だけで決まり，途中の道筋によらない場合，この力のことを**保存力**(conservative force)という。

図 5.1に示すように，質量 m の質点が高さ h_1 の点 A から高さ h_2 の点 B まで移動する間に重力がなす仕事は，$mg(h_1-h_2)$，である。この値は，その質点が空中に投げられて自由に運動する場合でも，あるいは任意の曲線に束縛されて運動する場合でも全く同じである。

図 5.1に示すような，空間中の曲線 C に沿い質点を点 A から点 B まで移動させるとき力のする仕事 W を考える。このため，C を n 個の微小部分に

5. 力学的エネルギー

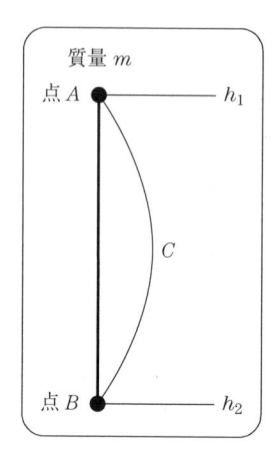

図5.1　2点間の質点運動

分割し，i 番目の部分に対応する変位ベクトルを dr_i，またそこで力はほぼ一定であると仮定する。これを F_i とする。質点を dr_i だけ移動させるときの仕事は $F_i \cdot dr_i$ であるから，全体の仕事 W は i についての和をとり

$$W = F_1 \cdot dr_1 + F_2 \cdot dr_2 + \cdots + F_n \cdot dr_n = \sum_{i=1}^{n} F_i \cdot dr_i \tag{5.3}$$

と表せる。ここで，分割を無限大に細かくし $n \to \infty$ の極限をとると，上式は積分の形で書ける。すなわち，質点を曲線 C に沿って移動させたとき力のする仕事 W は

$$W = \int_C F \cdot dr \tag{5.4}$$

で与えられる。ここで，積分記号の下の C の添字は曲線 C に沿っての積分を明記したものである。

〔2〕 位置エネルギー

保存力では $\int_C F \cdot dr$ は A と B の位置だけで決まるか，B を基準点として一定にしておけば A の位置 (x, y, z) だけによる。この値を関数 $U(x, y, z)$ として，これを点 A の**位置エネルギー** (potential energy) あるいは**ポテンシャル** (potential) という。数学的に表現すれば

$$F_x = -\frac{\partial U}{\partial x}, \quad F_y = -\frac{\partial U}{\partial y}, \quad F_z = -\frac{\partial U}{\partial z} \tag{5.5}$$

上式の U を位置エネルギーあるいはポテンシャルという。これらの式を一括し

$$F = -\nabla U \tag{5.6}$$

と表す。∇ はナブラと呼ばれる記号である。式(5.6)のような力に対して力学的エネルギー保存則が成り立つ。この力を**保存力**（conservative force）という。位置エネルギー U に任意の定数を加えてもこの式の関係は変わらない。通常，任意な基準を選び位置エネルギー U を決めている。

5.2.2 運動エネルギー

速度を有して運動する質点はエネルギーを有する。一般に質量 m の質点が v の速度で運動しているとき

$$K = \frac{1}{2}mv^2 \tag{5.7}$$

で表される K をその質点の**運動エネルギー**（kinetic energy）という。一方，質点に働く力 F が $F = -\nabla U$ と表されるとき，前節で定義したように U は位置エネルギーである。このとき

$$E = K + U \tag{5.8}$$

で与えられる E を**力学的エネルギー**（mechanical energy）と定義する。つまり，**力学的エネルギーは運動エネルギーと位置エネルギーの和である**。運動エネルギー，位置エネルギーの単位は，ジュール〔J〕である。エネルギーは仕事と同じ単位であることに注目しよう。

質量 m の質点に力 F が働くとき，運動方程式は $m\ddot{r} = F$ と書けるが，これから

$$\frac{d}{dt}\left(\frac{1}{2}m\dot{r}^2\right) = F \cdot \dot{r} \tag{5.9}$$

となる。質点は時刻 t_A で点 A（速度 v_A）を出発し，C の経路を経て時刻 t_B に点 B（速度 v_B）に達するとし，この式を t に関し t_A から t_B まで積分する。

5. 力学的エネルギー

質点の速度は $v=\dot{r}$ であるから

$$\frac{1}{2}mv_B^2 - \frac{1}{2}mv_A^2 = \int_{t_A}^{t_B} F\cdot\dot{r}\,dt \tag{5.10}$$

となることがわかる。$\dot{r}dt=dr$ であることに注意すると，この積分は A から B と質点が運動したとき力のする仕事 W に等しいといえる。また，点 A，B における運動エネルギーをそれぞれ $K(A)$，$K(B)$ と表せば

$$K(B)-K(A)=W \tag{5.11}$$

となる。これより，**質点の運動エネルギーの増加は，質点に働く力のした仕事に等しい**ことがわかる。これは，機械の運動を考える上で重要な力学概念である。

ここで，例として，図 5.2 に示すような物体の自由落下を考えよう。

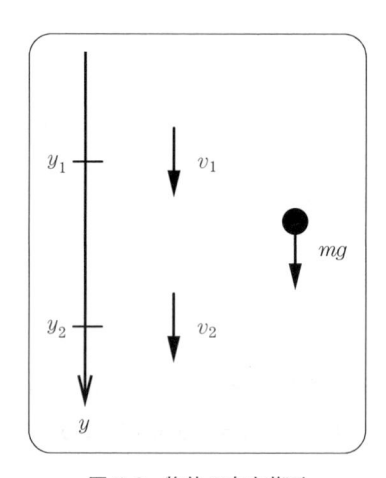

図 5.2 物体の自由落下

高さ y が y_1 のときと y_2 のときの下向きの速度を v_1，v_2 とする。重力 mg は下向きで，進行の向きに等しい。運動エネルギーの増加は力のした仕事に等しいので

$$\frac{1}{2}mv_2^2 - \frac{1}{2}mv_1^2 = mg(y_1-y_2) \tag{5.12}$$

となり，これより

$$\frac{1}{2}mv_1^2 + mgy_1 = \frac{1}{2}mv_2^2 + mgy_2 \tag{5.13}$$

となる。

5.3　力学的エネルギー保存則

前節まで述べた事項から力学的エネルギーの保存を考えよう。

力が保存力のとき，$W = U(A) - U(B)$ である。

質点の運動エネルギーの増加は，質点に働く力のした仕事に等しい。よって

$$K(B) - K(A) = U(A) - U(B) \tag{5.14}$$

整理すると

$$K(A) + U(A) = K(B) + U(B) \tag{5.15}$$

となる。

$$E(A) = K(A) + U(A), \quad E(B) = K(B) + U(B)$$

なので

$$E(A) = E(B) \tag{5.16}$$

が得られる。B は軌道上の任意の点であるから，保存力の場合，質点の力学的エネルギーは一定に保たれることがわかる。これを**力学的エネルギー保存則** (law of conservation of mechanical energy) という。力学的エネルギー保存則は機械の運動を考える上で重要な力学概念である。

- **力学的エネルギー保存則の応用例**

力学的エネルギー保存則により，質点のさまざまな運動をわかりやすく考えることができる。ここでは，質点の鉛直投げ上げ問題について力学的エネルギー保存則を用いて考える。地表の原点 O から質量 m の質点を鉛直上方に初速度 v_0 で投げ上げたとする。鉛直上向きに z 軸をとり，質点が高さ z に達したときの速度を v とする。ここで，空気の抵抗などを無視し，質点には重力だけが働くとする。質点の力学的エネルギーは

$$E = \frac{1}{2}mv^2 + mgz \tag{5.17}$$

となり，一定値をとることがわかる。地表では $z=0$, $v=v_0$ であるから，この一定値は

$$\frac{1}{2}mv_0^2$$

である。すなわち

$$v^2 + 2gz = v_0^2 \tag{5.18}$$

が得られる。質点が最高点に達したとき $v=0$ となり，最高点の高さを z_0 とすれば，z_0 は

$$z_0 = \frac{v_0^2}{2g} \tag{5.19}$$

と表される。

　質点が摩擦のない滑らかな束縛を受けていると，U から導かれる力以外に束縛力 R が質点に働く。質点に対する運動方程式は

$$m\ddot{r} = -\nabla U + R \tag{5.20}$$

である。滑らかな束縛では質点の変位 dr に対して

$$R \cdot dr = 0$$

が成り立つ。すなわち

$$R \cdot \dot{r} = 0$$

である。

　式(5.20)と $\dot{r}$ との内積を作ると

$$m\dot{r} \cdot \ddot{r} = -\dot{r} \cdot \nabla U \tag{5.21}$$

となる。

　この方程式は束縛がないときと同じ記述である。よって

$$\frac{d}{dt}\left\{\frac{1}{2}m\dot{r}^2 + U(x, y, z)\right\} = 0$$

が導かれる。すなわち

$$\frac{dE}{dt}=0$$

の結果が得られる。

　質点が滑らかな束縛を受けていても，力学的エネルギー保存則が成立することがわかる。摩擦のない機械の運動では力学的エネルギーは保存される。

◇演 習 問 題◇

[5.1]　質量 m の質点を鉛直上方に速度 v_0 で投げ上げる。鉛直上向きに z 軸をとり，質点の高さ z に達したときの速度を v とする。質点には重力だけが働くとする。重力加速度の大きさを g とする。空気抵抗は無視してよい。
　(1) 質点の力学的エネルギー E を m, v, z, g を用いて求めよ。
　(2) 地表（$z=0$）での力学的エネルギー E_0 を m, v_0 を用いて求め，力学的エネルギー保存則が成り立つとして，質点が最高点に達したときの最高点の高さ z_0 を求めよ。
　(3) 水平と θ の角をなす方向に v_1 の速さで質点を投げる場合，質点の x 軸方向，z 軸方向の運動方程式を求めよ。さらに，質点の到達距離 R と最大到達距離 R_m を求めよ。ただし，初速度の水平成分が正となる向きに水平に x 軸をとるとする。

[5.2]　質量 m 〔kg〕のハンマを自由落下させて，z〔m〕下の鉄材を打ったところ，一定の力で鉄材の厚み h〔m〕のものが h'〔m〕になった。このとき，以下の問いに答えよ。
　(1) 鉄材に作用する力を求めよ。重力加速度の大きさを g〔m/s²〕とする。空気抵抗は無視してよい。
　(2) ハンマの重さを 1 000 N として，5 m 下の鉄材を打ったところ，鉄材の厚みが 10 cm から 5 cm になった。鉄材に作用した力はいくらか。
　(3) ハンマに綱をつけて鉛直上向きの力で綱を引き，ハンマを一定速度 v〔m/s〕で落下させたところ，鉄材に当たる前に綱が切れて落ちた。綱が切れてから鉄材に当たるまで t〔s〕だったとすれば，綱が切れたときの高さとハンマが鉄材に当たったときの速度を求めよ。重力加速度の大きさを g〔m/s²〕とする。空気抵抗は無視してよい。

6. 剛体の運動

　機械は固い材質でできているものが多く，通常，剛体として取り扱う。厳密には現実の機械は弾性体であり，弾性体の性質を利用した機械も多く発明されているが，まずは剛体運動の基礎を理解した上で弾性体運動を応用形として考えることができる。そこで，本章は剛体の運動，回転，慣性モーメントといった剛体の運動の基礎について述べる。

6.1　剛体と回転，慣性モーメント

6.1.1　剛体の定義

・剛体とは

　鋼(はがね)でできた機械は固いというイメージを持つと思うが，ダイヤモンドなど固い固体は**剛体**（rigid body）といわれる。正確には，**剛体とは力が作用しても変形しない固体**と定義される。剛体を一定の手順により複数の微小部分に分割し，おのおのを質点とみなすとき，各質点間の位置関係が変化しない質点系と考えることもできる。これらの位置関係が変化する場合，剛体ではなく，**弾性体**（elastic body）と呼ばれる。ゴムなどがイメージされるが，厳密には現実の物体はすべて弾性体である。弾性体の運動を取り扱う際に，物理モデルのシミュレーション解析を行う手法に**有限要素法**（finite element method）と呼ば

れるものがあり，機械構造設計の主要な方法として近年盛んに用いられている。

　魚ロボットは弾性振動翼推進システム（**図 6.1**）を著者が 1980 年代に発明したことで生み出されたが，これは弾性体の有する特性を鰭(ひれ)推進メカニズムに応用したロボットである。

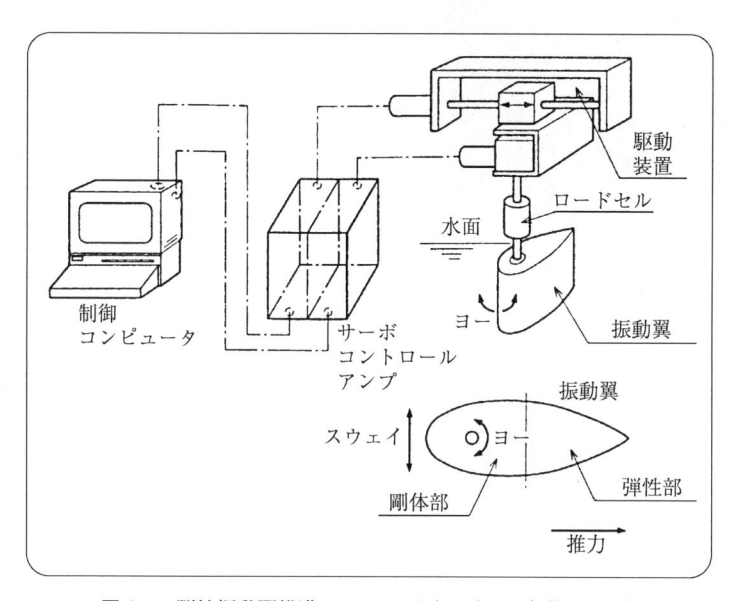

図 6.1 弾性振動翼推進システムの原理（1980 年代に発案）

　図 6.2 に弾性振動翼推進システムの原理を船舶や魚ロボットなどの水中ロボットに応用した例を示す。船舶の推進システムとしては，一つのアクチュエータで前進，後進，旋回が可能となった。また，魚ロボットは本物そっくりに鰭を用いて遊泳させることが可能となった。さらに，弾性体の振動作用が運動体の推進性能を大きく向上させることがわかり，弾性振動翼推進システムの原理の効果が証明された。

(a) 船舶　　　　　　　　　(b) 水中ロボット

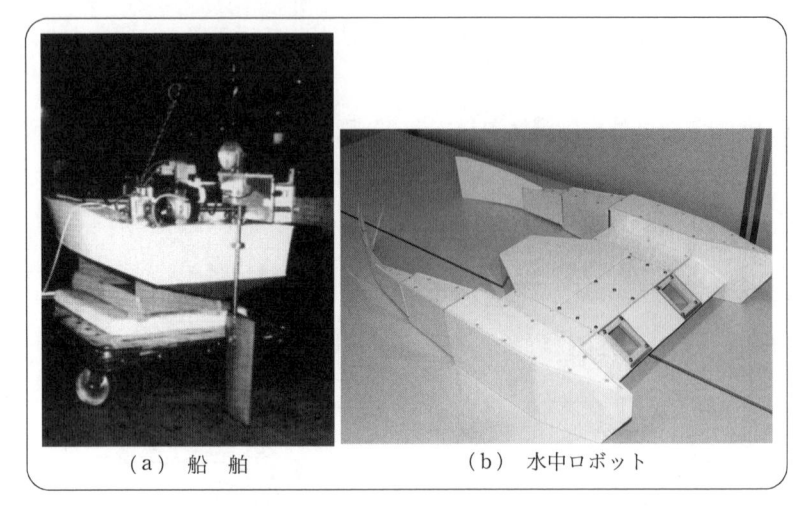

図 6.2　弾性振動翼推進システムの応用例（1990 年代に開発）

6.1.2　剛体のつり合い条件

剛体のつり合い条件を考えよう。剛体が静止している状態は，剛体に作用する力が打ち消し合い，平行移動しない，かつ，剛体に作用する力のモーメントも打ち消し合っている，回転運動しない，状態である。この状態は平衡状態にあるという。また，これらの力およびモーメントはつり合っているという。

剛体におけるつり合いとは，つぎの二つの条件が成り立つ場合をいう。

① 剛体に働く外力の和が 0，すなわち

$$\sum_{i=1}^{n} F_i = 0$$

② 剛体に働く力のモーメント（全角運動量の和）が 0，すなわち

$$\sum_{i=1}^{n} (r_i \times F_i) = 0$$

以下，この条件の力学的詳細を考えてみよう。

剛体を複数の微小部分に分割しおのおのを質点とみなすと，剛体はそれら質点による質点系であるから，剛体のつり合いも質点系のつり合いとして考えることができる。質点系が静止していれば質点もすべて静止しており，全運動量

は 0（零）である。また

$$\frac{dP}{dt} = F$$

であるから

$$\sum_{i=1}^{n} F_i = 0 \tag{6.1}$$

である。これが上記①の条件式である。つぎに，質点系が平衡の状態にあることから，個々の質点の運動量 p_i は 0 で，全角運動量の和も 0 である。よって

$$\dot{L} = \sum_{i=1}^{n} (r_i \times F_i)$$

より

$$\sum_{i=1}^{n} (r_i \times F_i) = 0 \tag{6.2}$$

となる。これが上記②の条件式である。

6.1.3 剛体の運動の考え方

機械など剛体の運動は重心の運動を考えるのが理解しやすい。すなわち，重心の運動と重心まわりの運動を考える。

〔1〕 重心の運動

質量 M の剛体の重心に力 F が作用する場合の運動方程式は

$$M\ddot{r}_G = F \tag{6.3}$$

で与えられ，重心は質点として考える。

〔2〕 重心まわりの運動

剛体の重心まわりの運動を考えよう。

剛体が n 個の微小質点で構成される質点系とする。その i 番目の質点の位置ベクトルを r_i，質量を m_i とし，r_i を

$$r_i = r_G + r_i' \tag{6.4}$$

とする。r_i' は i 番目の質点の重心を基準とした位置ベクトルであることがわ

かる。

　重心は

$$Mr_G = \sum_{i=1}^{n} m_i r_i \tag{6.5}$$

で表されるので

$$M = \sum_{i=1}^{n} m_i$$

により

$$\sum_{i=1}^{n} m_i r_i' = 0 \tag{6.6}$$

と導出される。

　質点系の全角運動量 L は，重心のまわりの量 L' を

$$L' = \sum_{i=1}^{n} m_i (r_i' \times \dot{r}_i') \tag{6.7}$$

と定義し

$$L = \sum_{i=1}^{n} m_i (r_G \times \dot{r}_G) + L' \tag{6.8}$$

と表せる。これを時間微分すると，$M\ddot{r}_G = F$ により

$$\dot{L} = (r_G \times F) + \dot{L}' \tag{6.9}$$

となる。力のモーメントの和 N は

$$N = \sum_{i=1}^{n} (r_i \times F_i) = \sum_{i=1}^{n} (r_G \times F_i) + \sum_{i=1}^{n} (r_i' \times F_i) = (r_G \times F) + N' \tag{6.10}$$

である。N' は重心に関する力のモーメントの和が

$$N' = \sum_{i=1}^{n} (r_i' \times F_i) \tag{6.11}$$

であるから

$$\dot{L}' = N' \text{ もしくは } \frac{dL'}{dt} = N' \tag{6.12}$$

となる。これは剛体の重心まわりの運動方程式になっていることがわかる。

6.1.4 剛体の運動エネルギー

剛体の運動エネルギー K は

$$K = \frac{1}{2}\sum_{i=1}^{n} m_i \dot{r}_i^2 \tag{6.13}$$

と表現できる。ここで

$$r_i = r_G + r_i' \tag{6.14}$$

より，時間微分して

$$\dot{r}_i = \dot{r}_G + \dot{r}_i' \tag{6.15}$$

となり

$$K = \frac{1}{2}\sum_{i=1}^{n} m_i(\dot{r}_G^2 + 2\dot{r}_G \cdot \dot{r}_i' + \dot{r}_i'^2) \tag{6.16}$$

が導出できる。また

$$\sum_{i=1}^{n} m_i r_i' = 0$$

の時間微分を行うと

$$\sum_{i=1}^{n} m_i \dot{r}_i' = 0 \tag{6.17}$$

となり，剛体の運動エネルギー K は

$$K = \frac{1}{2}M\dot{r}_G^2 + \frac{1}{2}\sum_{i=1}^{n} m_i \dot{r}'^2 \tag{6.18}$$

となる。つまり，剛体の運動エネルギーは，重心に全質量が集中したと考えたときの重心運動エネルギーと重心まわりに持つ剛体の運動エネルギーとの和となることがわかる。また，重心運動と重心のまわりの運動とはお互いに独立であり，相互に影響し合わないと考える。これは重心の運動を考える上で重要な力学概念である。

6.1.5 固定軸と剛体の運動

・運動方程式

回転する機械はある固定された軸を中心に回っているのがわかる。機械を剛体ととらえて，その運動を考える。剛体を同一でない2点で支え，この2点を

通る直線を空間に固定された回転軸すなわち**固定軸**（fixed axis）として剛体が回転する場合の剛体の運動方程式を考える．図 6.3 に示すように，固定軸を z 軸にとり，z 軸上に原点 O を選び座標系 x, y, z を導入する．$\dot{L}=N$ の z 成分をとると

$$\dot{L}_z = N_z \tag{6.19}$$

と表せる．剛体を支えている点には抗力が作用するが，モーメントとしては 0（零）なので，運動方程式では抗力は無視する．剛体を n 個の質点系とみなし，質点系を構成する i 番目の質点 m_i の微小部分 P から z 軸に垂線を下ろしてその足を Q とし，PQ 間の距離を r_i，回転角を φ_i とする．P は Q を中心とする円運動を行い，r_i は時間に依存しない．よって，x_i, y_i は

$$x_i = r_i \cos \varphi_i \tag{6.20}$$

$$y_i = r_i \sin \varphi_i \tag{6.21}$$

と記述できる．ここで，r_i が時間に依存しないことに注意してほしい．また，φ_i の時間微分値は一定なので，これを ω とおく．上式を微分して

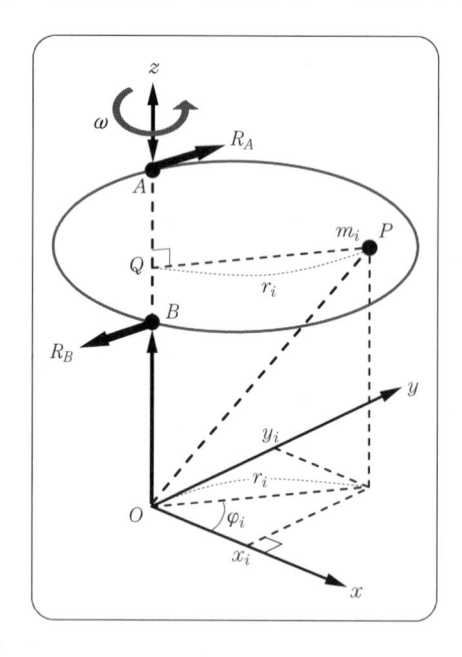

図 6.3 剛体の固定軸回りの運動

$$\dot{x}_i = -r_i\omega\sin\varphi_i \tag{6.22}$$

$$\dot{y}_i = r_i\omega\cos\varphi_i \tag{6.23}$$

となる。全角運動量 L_z は

$$L_z = \sum_{i=1}^{n} m_i(x_i\dot{y}_i - y_i\dot{x}_i) \tag{6.24}$$

となり

$$L_z = I\omega \tag{6.25}$$

が得られる。I は固定軸のまわりの**慣性モーメント**（moment of inertia）と呼ばれ

$$I = \sum_{i=1}^{n} m_i r_i^2 = \sum_{i=1}^{n} m_i(x_i^2 + y_i^2) \tag{6.26}$$

で定義される。I は時間に依存しないので，$\dot{L}_z = N_z$ と $L_z = I\omega$ の関係より

$$I\dot{\omega} = N_z \tag{6.27}$$

と整理できる。$\dot{\omega}$ は**角加速度**（angular acceleration）と呼ばれ

$$\text{慣性モーメント} \times \text{角加速度} = \text{モーメント}$$

という関係が剛体の回転運動方程式となる。ニュートンの第2法則の

$$\text{質量} \times \text{加速度} = \text{力}$$

と似た形であることに注目しよう。

6.1.6 剛体振り子

ハンマなどの機械に代表される剛体を鉛直面内で振動させる振り子を**剛体振り子**（rigid body pendulum），あるいは**物理振り子**（physical pendulum）という。図 6.4 に示すように，質量 M の剛体を点 O で垂直面内でのみ振動するよう固定し，点 O から鉛直下向きに x 軸，水平方向に y 軸を取り，重心を G，距離 OG を d，OG と垂直方向とのなす角を θ とし，微小振動として振動の周期を求める。

剛体に働く力は

（1）重心 G に働く重力

50   6. 剛体の運動

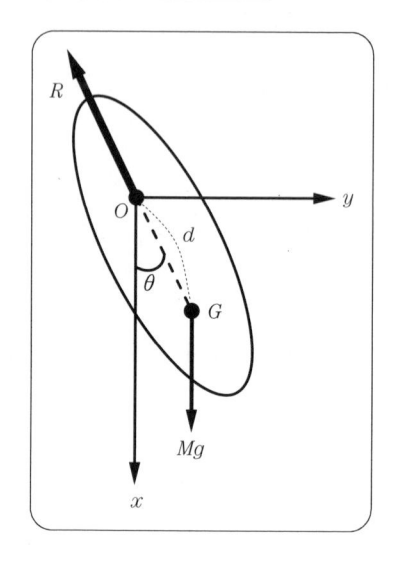

図 6.4 剛体振り子

（2）点 O に働く抗力

の2力であり，これを点 O のまわりのモーメントとして考える。

「点 O に働く抗力」は点 O を通るため，点 O からの距離は 0（零）でモーメントを持たない。

また，「重心 G に働く重力」は x 軸方向のみに働き，微小部分に分けたとき i 番目に働く力の x 成分，y 成分を X_i, Y_i とする。このとき点 O から見た重心 G の座標をそれぞれ x_i, y_i として表すとき，力のモーメント和はつぎのようになる。

$$N_z = \sum_{i=0}^{n}(x_i Y_i - y_i X_i) = \sum_{i=0}^{n}\{0 - y_i(m_i g)\} = -g\sum_{i=0}^{n} m_i y_i = -Mgy_G \quad (6.28)$$

y_G は重心の y 座標であるから，$y_G = d\sin\theta$ である。

そこで，$I\dot{\omega} = N_z$ の関係から

$$I\ddot{\theta} = -Mgd\sin\theta \quad (6.29)$$

であり，微小振動より

$$I\ddot{\theta} = -Mgd\theta \quad (6.30)$$

と近似できる。これは単振動の式であり

$$\omega^2 = \frac{Mgd}{I}$$

となるため

$$\omega = \sqrt{\frac{Mgd}{I}} \tag{6.31}$$

また

$$l = \frac{I}{Md}$$

を**相当単振り子の長さ** (length of equivalent simple pendulum) という。上式によって，振動の周期 T は

$$T = \frac{2\pi}{\omega} = 2\pi\sqrt{\frac{I}{Mgd}} = 2\pi\sqrt{\frac{l}{g}} \tag{6.32}$$

と求まる。

6.1.7 慣性モーメント

慣性モーメントは

$$\sum_{i=1}^{n} m_i r_i^2 \ \left(= \int r^2 dm \right)$$

にてさまざまな問題について求めることができる。ここで，機械力学に重要な慣性モーメントの例について計算しよう。

〔1〕 **一様な細い棒（重心のまわり）**

質量が均一に分布する棒の重心まわりの回転を考えよう。**図 6.5** に示すよう

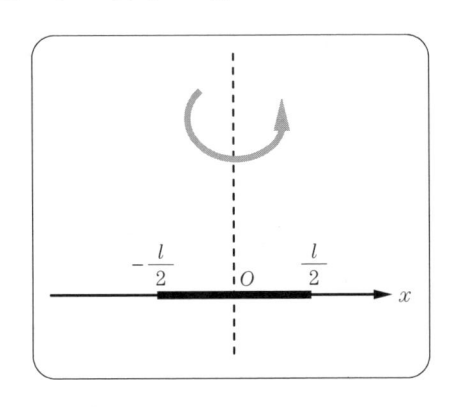

図 6.5 一様な細い棒（重心のまわり）の回転

な，長さ l の一様な剛体があるとし，重心を通り棒と垂直な回転軸に関する慣性モーメント I を計算する。ここで，棒の太さは無視できるとし，棒の重心を座標原点 O に選び，棒の単位長さ当りの質量を σ をすれば，棒の質量を M とし，つぎのように求められる。なお，σ を**線密度** (density of line) という。

$$I = \sigma \int_{-l/2}^{l/2} x^2 dx = \sigma \frac{l^3}{12} = \frac{Ml^2}{12} \tag{6.33}$$

〔2〕 一様な細い棒（棒の端の回り）

図 6.6 に示すような，棒の端 O を通り棒と垂直な固定軸のまわりの慣性モーメント I を計算する。ここで，棒の太さは無視し，棒の線密度を σ，棒の質量を M とし，つぎのように求められる。

$$I = \sigma \int_0^l x^2 dx = \frac{\sigma l^3}{3} = \frac{Ml^2}{3} \tag{6.34}$$

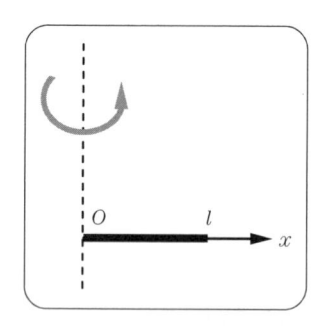

図 6.6 一様な細い棒（棒の端のまわり）の回転

同じ質量と長さの細い棒であれば，中心軸のまわりより端のまわりの方が回りにくいことは実感できると思う。これは端のまわりの方が，中心軸のまわりより慣性モーメントが大きいからである。

重心を通る直線まわりの慣性モーメントを I_G とすると，この直線と平行な任意の直線まわりの慣性モーメント I は，2 直線間の距離を h として，つぎの式で与えられる。

$$I = I_G + Mh^2 \tag{6.35}$$

これにより，中心軸のまわりから端のまわりの慣性モーメントを簡単に求めることができる．

〔3〕 一様な円板（中心軸のまわり）

円板状の機械あるいは機械部品が回転する光景は工場でよく目にする．ここでは，図 6.7 に示すような，半径 a の一様な円板の中心 O を通り円板と垂直な固定軸のまわりの慣性モーメント I を考える．円板の単位面積当りの質量を σ とする．ここで，σ を**面密度**（density of surface）という．半径が r の円と $r+dr$ の円にはさまれた部分の面積は $2\pi r dr$ となり，この部分の質量は $2\pi r \sigma dr$ となる．

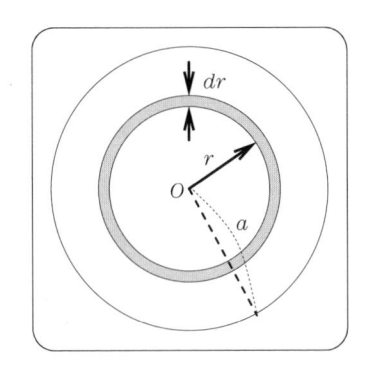

図 6.7 一様な円板の回転

よって，慣性モーメント I はつぎのように求められる．

$$I = \int_0^a 2\pi \sigma r^3 dr = \frac{\pi \sigma}{2} a^4 \tag{6.36}$$

さらに，円板の質量 M は σ と円の面積の積で $M = \sigma \pi a^2$ であるから，慣性モーメント I はつぎのように表すことができる．

$$I = \frac{Ma^2}{2} \tag{6.37}$$

〔4〕 一様な円柱（中心軸のまわり）

タービンなどの回転機械の運動も大きく見れば，円柱の回転を考えればよい．ここでは，半径 a，質量 M，高さ h の一様な円柱の中心軸に関する慣性モーメント I を求める．

円柱の密度をρとする。中心軸をz軸にとると，zから$z+dz$の微小部分のzに関し積分して，Iはつぎのように計算される。

$$I=\int_0^h \frac{\rho\pi a^4}{2}dz=\frac{\rho\pi a^4 h}{2}=\frac{Ma^2}{2} \tag{6.38}$$

これは，一様な円板と同じ式となる。

〔5〕 **一様な球**（中心軸のまわり）

中身の詰まった硬球のボールなどのような半径aの一様な球の中心を通る軸に関する慣性モーメントIを求める。

球の中心を座標原点とするx, y, z軸をとり，x, y, z軸に関する慣性モーメントI_x, I_y, I_zを導入する。球の密度をρとすれば

$$I_x=\rho\int(y^2+z^2)dV, \quad I_y=\rho\int(z^2+x^2)dV, \quad I_z=\rho\int(x^2+y^2)dV \tag{6.39}$$

となり，これらの和をとると

$$r^2=x^2+y^2+z^2$$

であるから

$$3I=2\rho\int r^2 dV=8\pi\rho\int_0^a r^4 dr=\frac{8\pi\rho a^5}{5} \tag{6.40}$$

が得られる。球の質量Mは$M=(4\pi/3)\rho a^3$と書けるので，上の式からIはつぎのように表される。

$$I=\frac{2Ma^2}{5} \tag{6.41}$$

〔6〕 **一様な中空の球**（中心軸のまわり）

ピンポン玉のような半径aの一様な中空の球の中心を通る軸に関する慣性モーメントは，一様な球の慣性モーメントの求め方と同じように，以下のとおり計算できる。

$$3I=2a^2\int\sigma ds=2a^2 M \tag{6.42}$$

$$I=\frac{2}{3}Ma^2 \tag{6.43}$$

慣性モーメントは3次元座標軸ごとに表すとつぎの〔7〕〜〔11〕のとおりである。

〔7〕 **一様な細い棒（重心まわり）**

図 6.8 に示すような，重心まわりの一様な細い棒の慣性モーメントは

$$I_x = 0 \tag{6.44}$$

$$I_y = \frac{1}{12}ML^2 \tag{6.45}$$

$$I_z = \frac{1}{12}ML^2 \ (=I_y) \tag{6.46}$$

となる。

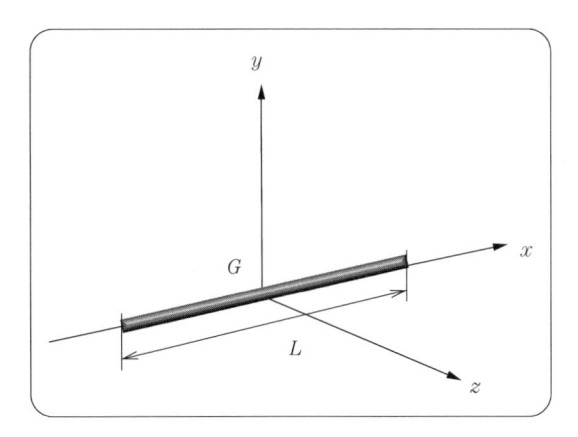

図 6.8　一様な細い棒の慣性モーメント（重心まわり）

〔8〕 **一様な長方形板**

図 6.9 に示すような，一様な長方形板の慣性モーメントは

$$I_x = \frac{1}{12}Mb^2 \tag{6.47}$$

$$I_y = \frac{1}{12}Ma^2 \tag{6.48}$$

$$I_z = \frac{1}{12}M(a^2+b^2) \tag{6.49}$$

となる。

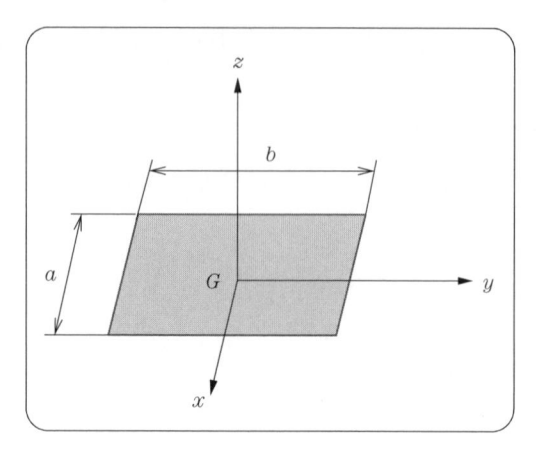

図 6.9　一様な長方形板の慣性モーメント

〔9〕 **一様な円板**

図 6.10 に示すような，一様な円板の慣性モーメントは

$$I_x = \frac{1}{4}MR^2 \tag{6.50}$$

$$I_y = \frac{1}{4}MR^2 \ (=I_x) \tag{6.51}$$

$$I_z = \frac{1}{2}MR^2 \tag{6.52}$$

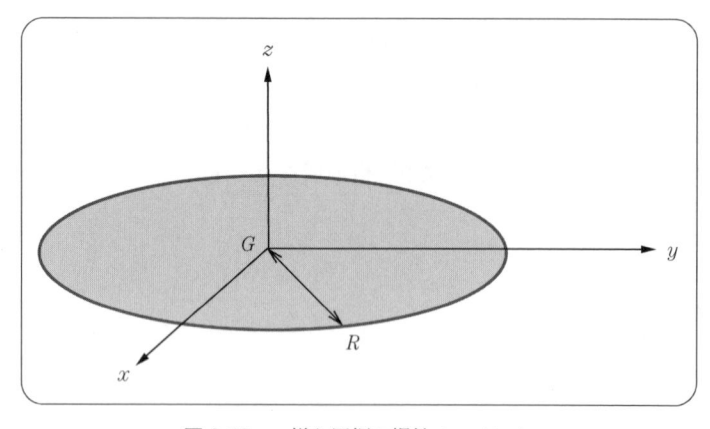

図 6.10　一様な円板の慣性モーメント

となる。

〔10〕 一様な直方体

図 6.11 に示すような, 一様な直方体の慣性モーメントは

$$I_x = \frac{1}{12} M (b^2 + c^2) \tag{6.53}$$

$$I_y = \frac{1}{12} M (c^2 + a^2) \tag{6.54}$$

$$I_z = \frac{1}{12} M (a^2 + b^2) \tag{6.55}$$

となる。

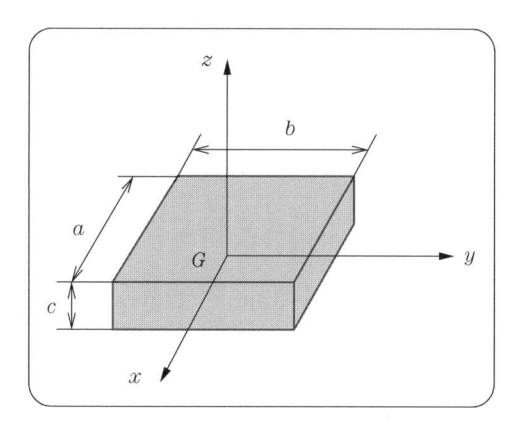

図 6.11 一様な直方体の慣性モーメント

〔11〕 一様な円柱

図 6.12 に示すような, 一様な円柱の慣性モーメントは

$$I_x = M \left(\frac{R^2}{4} + \frac{L^2}{12} \right) \tag{6.56}$$

$$I_y = \frac{1}{2} M R^2 \tag{6.57}$$

$$I_z = M \left(\frac{R^2}{4} + \frac{L^2}{12} \right) \ (= I_x) \tag{6.58}$$

となる。

以上で主要な物体の慣性モーメントを導出した。慣性モーメントは回転の変

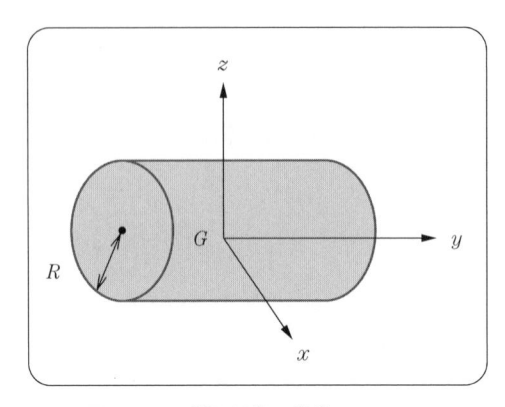

図 6.12 一様な円柱の慣性モーメント

化のしにくさを表す量であり，慣性モーメント I_G の大きさを剛体の質量 M を用いて

$$I_G = M\chi^2 \tag{6.59}$$

$$\chi = \sqrt{\frac{I_G}{M}} \tag{6.60}$$

と表すことができる。χ を**回転半径**（radius of gyration）（単位：[m]）という。

6.2 剛体の回転の応用例

6.2.1 オイラー角とオイラー変換

　剛体は，質点とは異なり形と大きさを持っている。そのため，剛体の運動を考える場合，重心の x，y，z 座標のみならず，各軸まわりの回転角度も考える必要がある。運動する剛体の一例として鉄道車両を取り上げ，座標と回転角を示した図を**図 6.13** に示す。

　図 6.13 に示すように，x 軸（進行方向の軸）まわりの回転を**ローリング**（rolling），y 軸（車体横方向）まわりの回転を**ピッチング**（pitching），z 軸（車体上下方向）まわりの回転を**ヨーイング**（yawing）と呼ぶ。また，これら

6.2 剛体の回転の応用例

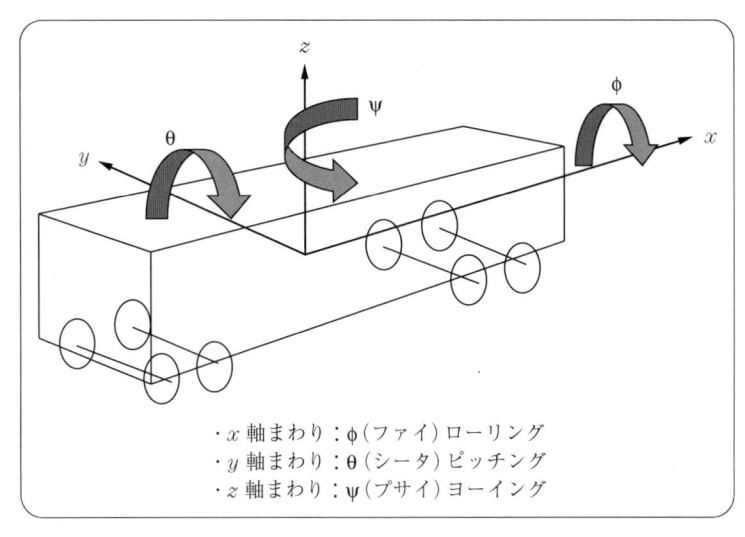

- x 軸まわり：φ(ファイ) ローリング
- y 軸まわり：θ(シータ) ピッチング
- z 軸まわり：ψ(プサイ) ヨーイング

図 6.13 車両運動の方向と種類

　各軸まわりの回転角をまとめて**オイラー角**（Euler angle）と呼ぶ。

　剛体（図 6.13 では車体）の姿勢は，上記オイラー角の組合せで表され，この合成した変換を**オイラー変換**（Euler transformation）と呼ぶ。回転の合成変換は変換行列の積で表すことができるが，この行列の積には交換法則が成り立たない。そこで，ヨーイング，ピッチング，ローリングの順に変換したと仮定すると，このオイラー変換は次式のように表される。

$$E(\phi, \theta, \psi) = R_x(\phi) R_y(\theta) R_z(\psi)$$

$$= \begin{pmatrix} \cos\phi & -\sin\phi & 0 \\ \sin\phi & \cos\phi & 0 \\ 0 & 0 & 1 \end{pmatrix} \begin{pmatrix} 1 & 0 & 0 \\ 0 & \cos\theta & -\sin\theta \\ 0 & \sin\theta & \cos\theta \end{pmatrix} \begin{pmatrix} \cos\psi & -\sin\psi & 0 \\ \sin\psi & \cos\psi & 0 \\ 0 & 1 & 1 \end{pmatrix}$$

$$= \begin{pmatrix} \cos\phi\cos\psi - \sin\phi\cos\theta\sin\psi & -\cos\phi\sin\psi - \sin\phi\cos\theta\cos\psi & \sin\phi\sin\theta \\ \sin\phi\cos\psi + \cos\phi\cos\theta\sin\psi & -\sin\phi\sin\psi + \cos\phi\cos\theta\cos\psi & -\cos\phi\sin\theta \\ \sin\theta\sin\psi & \sin\theta\cos\psi & \cos\theta \end{pmatrix}$$

6.2.2 車両の運動解析への応用

x, y, z 座標とオイラー角を用いた剛体の姿勢の表現を用いて，走行安定性を解析，評価した実例を示す．前出の図 6.13 に示す車両の姿勢に加え，**図 6.14** に示す，案内軌道に沿って走行する新交通システムの走行安定性を評価した．前後輪ステア系を結ぶばね剛性をパラメータとして追加し，以下に示す運動方程式を得ることができた．

諸元の説明は**表 6.1** に示す．

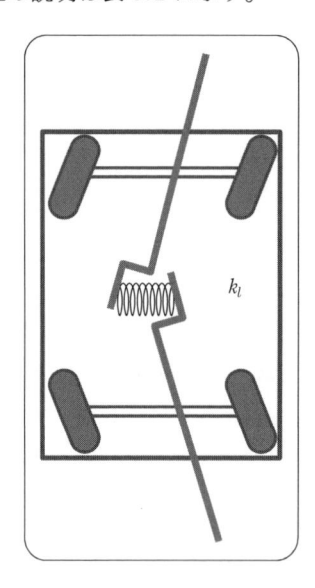

図 6.14 前後輪ステア系を連結したモデル

・**運動方程式**

並進

$$m\frac{d^2y}{dt^2} = \frac{-2K_f - 2K_r}{V}\frac{dy}{dt} + \frac{-2K_f l + 2K_r l}{V}\frac{d\varphi}{dt} + \frac{-2h_u K_f - 2h_u K_r}{V}\frac{d\theta}{dt}$$
$$+ (2K_f + 2K_r)\varphi + 2K_f\delta_f + 2K_r\delta_r$$

ヨーイング

$$i_\varphi \frac{d^2\varphi}{dt^2} = \frac{2K_r l - 2K_f l}{V}\frac{dy}{dt} + \frac{-2K_r l^2 - 2K_f l^2}{V}\frac{d\varphi}{dt} + \frac{2K_r l h_u - 2K_f l h_u}{V}\frac{d\theta}{dt}$$
$$+ (-2lK_r + 2lK_f)\varphi + 2lK_f\delta_f - 2lK_r\delta_r$$

6.2 剛体の回転の応用例

ローリング

$$i_\theta \frac{d^2\theta}{dt^2} = \frac{-2K_f h_u - 2K_r h_u}{V}\frac{dy}{dt} + \frac{-2K_f l h_u + 2K_r l h_u}{V}\frac{d\varphi}{dt}$$

$$+ \frac{-2K_f h_u{}^2 - 2K_r h_u{}^2 - C_s V}{V}\frac{d\theta}{dt} + (2h_u K_f + 2h_u K_r)\varphi$$

$$+ (-4b^2 k_s + m_u g h_u)\theta + 2h_u K_f \delta_f + 2h_u K_r \delta_r$$

前後輪ステアリング系

$$i_f \frac{d^2\delta_f}{dt^2}$$

$$= \frac{2K_f\left(\xi_f + \frac{i_f}{i_\varphi}l\right) - \frac{i_f}{i_\varphi}l 2K_r}{V}\frac{dy}{dt} + \frac{2K_f l\left(\xi_f + \frac{i_f}{i_\varphi}l\right) - \frac{i_f}{i_\varphi}l^2 2K_r}{V}\frac{d\varphi}{dt}$$

$$+ \frac{2K_f h_u\left(\xi_f + \frac{i_f}{i_\varphi}l\right) - \frac{i_f}{i_\varphi}l 2K_r h_u}{V}\frac{d\theta}{dt} - C_1 \frac{d\delta_f}{dt} - \rho_f y$$

$$+ \left\{-2K_f\left(\xi_f + \frac{i_f}{i_\varphi}l\right) - \rho_f(l' + a_{lf}) + \frac{i_f}{i_\varphi}l 2K_r\right\}\varphi - \rho_f h_u \theta$$

$$+ \left\{-2K_f\left(\xi_f + \frac{i_f}{i_\varphi}l\right) - \rho_f \frac{a_{lf}}{\gamma_f} - K_l\right\}\delta_f + \left(\frac{i_f}{i_\varphi}l 2K_r - K_l\right)\delta_r$$

$$i_r \frac{d^2\delta_r}{dt^2}$$

$$= \frac{2K_r\left(\xi_r - \frac{i_r}{i_\varphi}l\right) + 2K_f \frac{i_f}{i_\varphi}l}{V}\frac{dy}{dt} + \frac{-2K_r l\left(\xi_r - \frac{i_r}{i_\varphi}l\right) + 2K_f \frac{i_r}{i_\varphi}l^2}{V}\frac{d\varphi}{dt}$$

$$+ \frac{2K_r h_u\left(\xi_r - \frac{i_r}{i_\varphi}l\right) + 2K_f \frac{i_r}{i_\varphi}l h_u}{V}\frac{d\theta}{dt} - C_2 \frac{d\delta_r}{dt} - \rho_f y$$

$$+ \left\{-2K_r\left(\xi_r - \frac{i_f}{i_\varphi}l\right) + \rho_r(l' + a_{lr}) - 2K_f \frac{i_r}{i_\varphi}l\right\}\varphi - \rho_r h_u \theta$$

$$+ \left(-2K_f \frac{i_r}{i_\varphi}l - K_l\right)\delta_f + \left\{-\rho_r \frac{a_{lf}}{\gamma_r} - K_l - 2K_r\left(\xi_r - \frac{i_r}{i_\varphi}l\right)\right\}\delta_r$$

この運動方程式をもとに，計算機シミュレーションを行い，想定した速度まで不安定な振動を起こすことなく走行できることを確認し，交通システムの車両設計に利用することができた．

表 6.1 各記号の意味と数値
空車時 (単位系 cm, kgf, rad, s)

事　項	式中の記号	プログラム中の記号	数　値
車両質量	m	XM	11 326 〔kgf s²/cm〕
ヨーイング慣性モーメント	i_φ	XIP	528 800 〔kgf・cm・s²〕
ローリング慣性モーメント	i_θ	XIT	190 000 〔kgf cm・s²〕
前輪キングピンまわり慣性モーメント	i_f	XIF	1 000 〔kgf cm・s²〕
後輪キングピンまわり慣性モーメント	i_r	XIR	1 000 〔kgf cm・s²〕
車両速度（直線部）	V	V	目標 70 〔km/h〕 臨界 90 〔km/h〕
ローリング回転中心―重心間距離	h_u	HU	55 〔cm〕
車両ホイールベースの1/2	l	KL	250 〔cm〕
腕のピン間距離の1/2	l'	XLD	250 〔cm〕
懸架ばねのばね定数	k_s	XKS	160 〔kgf/cm〕
懸架ばね取付ロッドの1/2	b	B	50 〔cm〕
前輪ニューマティックトレール	ξ_f	ZF	2 〔cm〕
前輪ニューマティックトレール	ξ_r	ZR	2 〔cm〕
タイヤのキングピンまわりの回転運動の等価粘性減衰係数（前輪）	C_1	C 1	13 980 〔kgf・cm・s/rad〕
タイヤのキングピンまわりの回転運動の等価粘性減衰係数（後輪）	C_2	C 2	13 980 〔kgf・cm・s/rad〕
前輪コーナリングパワー	K_f	XKF	14 400 〔kgf/rad〕
後輪コーナリングパワー	K_r	XKR	14 400 〔kgf/rad〕
ガイド―車軸間距離（前）	a_{lf}	YFG	80 〔cm〕
ガイド―車軸間距離（後）	a_{rf}	YRG	80 〔cm〕
前後輪ステア連系の復元モーメントの比例定数	k_l	XKL	$k_l=0$ 前後輪独立 $k_l\neq0$ 〃 連結
懸架系ダンパ粘性減衰係数	C_s	CS	130 600 〔kgf・cm²・s/rad〕
ステアリングゲイン（前輪）	γ_f	GF	0.85～1.0 〔cm/rad〕
ステアリングゲイン（後輪）	γ_r	GR	0.85～1.0 〔cm/rad〕
操舵系のばね定数（前輪）	ρ_f	ZETF	5 000～10 000 〔kgf〕
操舵系のばね定数（後輪）	ρ_r	ZETR	5 000～10 000 〔kgf〕

> **コラム 3**
>
> **機械がロボットに「成る」ための必要科目**
>
> 機械力学をベースに材料・強度・流体・熱・加工・製図等の機械系科目を学べばロボットのメカニクスの部分は開発製作できる。ロボットとして全体を完成させるにはエレクトロニクスの部分の知識が必要である。すなわち，電気・電子・情報工学と応用物理学をプラスして学べばロボットが生み出される。ロボットの開発には，まず**機械工学** (mechanics)，**電気・電子・情報工学** (electrical, electronics, information technology)，加えて**応用物理学** (applied physics) を学ぼう。

◇演 習 問 題◇

〔6.1〕 接点が滑らずに運動をするときの一様な円柱，球の運動エネルギーを求め，同じ速さで運動する質点の何倍になるか答えよ。答えは分数のままでも可である。

〔6.2〕 一様な円柱，球が滑らずに転がり落ちるとき，重心の加速度のそれぞれの大きさを求め，結果を比較せよ。どちらが何倍大きいか。答えは分数のままでも可である。

〔6.3〕 質量 M 半径 a の一様な球が水平面と角度 α をなす斜面上を滑りながら落ちるときの重心の加速度を求めよ。ただし，α は摩擦角より大きいとし，球と斜面との間の動摩擦係数を μ とする。

7. 解析力学

　力のつり合いを微分方程式で表したものがニュートンの**運動方程式**（equation of motion）である．大抵の力学現象，振動現象はこの運動方程式で表現できる．しかし，自由度が増えたり，xyz 座標系と極座標系が混在していると難しくなる問題がある．そこで，エネルギーを用いて表現した微分方程式から運動方程式を導く方法が考案された．ラグランジュの運動方程式と呼ばれる．どのような場合に有効で，どのような場合はかえって複雑になるか，調べてみよう．

7.1 解析力学の基礎

　ニュートンの運動方程式は，これまで 3 章などで述べてきたように，下記のように表される．

$$m\frac{d^2x}{dt^2} = F_x \tag{7.1}$$

ここで，x は変位，m は質量，t は時間，F_x は質量 m の物体に働く x 方向の力である．
これに対して，**ラグランジュの運動方程式**（Lagrange's equation of motion）は，つぎのように表される．

$$\frac{d}{dt}\left(\frac{\partial L}{\partial \dot{x}}\right) = \frac{\partial L}{\partial x} + Q \tag{7.2}$$

ここで，L は**ラグランジアン**（Lagrangian）と呼ばれ，5 章で解説した運動エネルギー K（$K = 1/2 m\dot{x}^2$）と，位置エネルギー U（$U = mg(h_1 - h_2)$）の差で

ある．したがって

$$L = K - U \tag{7.3}$$

となる．x を**一般化座標**（generalized coordinate），Q を**一般化力**（generalized force）と呼ぶ．通常，力学系が保存系である場合は $Q=0$ とおく．**保存系**（conservative system）とは保存力が作用する質点が任意の閉軌道に沿って運動して元に戻るときの力の場をいう．このとき，仕事はなされない．時間 t に関しては，ニュートンの運動方程式が2階の微分方程式であるのに対し，ラグランジュの方程式は1階の偏微分方程式である．この違いにより，ニュートンの運動方程式では表現が難しい多自由度系が比較的簡単に表現できるようになる．しかし，この二つの表現はじつは等価であり，のちほど7.2.2項において示す．

7.1.1　解析力学の役立つ場面

二重振り子（double pendulum）と呼ばれる，おもりが二つの振り子を**図7.1**に示す．

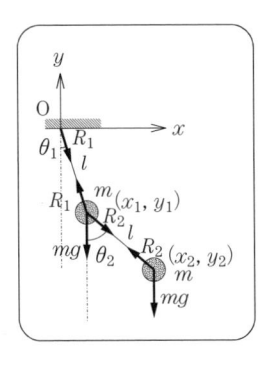

図7.1　二重振り子

この振動を，ニュートンの運動方程式を用いて表すとつぎのようになる．まず，各糸が鉛直線と成す角を θ_1，θ_2 とする．また，各おもりの x，y 座標を (x_1, y_1)，(x_2, y_2) 各糸の張力を R_1，R_2 とすると

$$m\ddot{x}_1 = -R_1 \sin\theta_1 + R_2 \sin\theta_2$$

$$m\ddot{y}_1 = R_1 \cos\theta_1 - mg - R_2 \cos\theta_2$$

$$m\ddot{x}_2 = -R_2 \sin\theta_2$$

$$m\ddot{y}_2 = R_2 \cos\theta_2 - mg$$

sin, cos の近似を使い，さらに解いていくことになる。
一方，ラグランジュの方程式を用いると

$$\frac{d}{dt}\left(\frac{\partial L}{\partial \dot{\theta}_1}\right) - \frac{\partial L}{\partial \theta_1} = 0$$

$$\frac{d}{dt}\left(\frac{\partial L}{\partial \dot{\theta}_2}\right) - \frac{\partial L}{\partial \theta_2} = 0$$

ただし

$$L = \frac{1}{2}ml^2\{2\dot{\theta}_1^2 + \dot{\theta}_2^2 + 2\dot{\theta}_1\dot{\theta}_2\cos(\theta_1-\theta_2)\} + mgl(2\cos\theta_1 + \cos\theta_2)$$

のように，運動エネルギー，位置エネルギーを考えることで比較的容易に運動方程式を得ることができる。

7.1.2 エネルギーを用いた表現

ラグランジュの運動方程式は，すでに式(7.2)で示したように

$$\frac{d}{dt}\left(\frac{\partial L}{\partial \dot{x}}\right) = \frac{\partial L}{\partial x}$$

の形式で表現され，その中の L はラグランジアンと呼ばれる。このラグランジアンは，運動エネルギーと，位置エネルギーの差である。エネルギーを用いて表現することで，多自由度の運動系や，平面座標，極座標の混在するような運動系でも容易に運動方程式を導けることが，ラグランジュの運動方程式を用いる利点である。

7.1.3 ラグランジュの運動方程式

・単振動の解法

一つの質量 m が長さ l の糸でぶら下がっている，図7.2に示す単振り子の振動を例に，ラグランジュの運動方程式の使い方を見てみよう。

7.1 解析力学の基礎

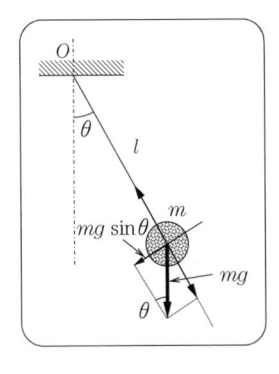

図7.2 単振り子

まず,運動エネルギー K,位置エネルギー(ポテンシャル)U を考えてみる。このとき,おもりのついた糸の振れ角 θ を一般化座標とすると

$$K = \frac{1}{2}mv^2 = \frac{1}{2}m(l\sin\dot{\theta})^2$$

$$U = mgl(1-\cos\theta)$$

$$L = K - U$$

これらを使って,ラグランジュの運動方程式

$$\frac{d}{dt}\left(\frac{\partial L}{\partial \dot{\theta}}\right) = \frac{\partial L}{\partial \theta}$$

に代入していく。ここで θ と $\dot{\theta}$ は独立とみなすので,左辺のカッコ内は

$$\left(\frac{\partial L}{\partial \dot{\theta}}\right) = \frac{\partial K}{\partial \dot{\theta}} = \frac{\partial}{\partial \dot{\theta}}\left(\frac{1}{2}m(l\sin\dot{\theta})^2\right) \cong \frac{\partial}{\partial \dot{\theta}}\left(\frac{1}{2}m(l\dot{\theta})^2\right) = ml^2\dot{\theta}$$

したがってラグランジュの運動方程式の左辺は

$$\frac{d}{dt}\left(\frac{\partial L}{\partial \dot{\theta}}\right) = ml^2\ddot{\theta}$$

となる。一方,右辺は,$\partial L/\partial\theta$ のうち,$L=K-U$ を構成する K が θ に関係ないため0になり

$$\frac{\partial L}{\partial \theta} = -\frac{\partial U}{\partial \theta} = -\frac{\partial}{\partial \theta}(mg(1-\cos\theta)) = -mgl\sin\theta$$

よって,運動方程式は

$$ml^2\ddot{\theta} = -mgl\sin\theta$$

θ が小さい時を考えると，線形化でき

$$ml^2\ddot{\theta} = -mgl\theta$$

$$l\ddot{\theta} = -g\theta$$

単振り子の単振動の式が導出できた。

7.2 解析力学の応用

7.2.1 多自由度系の問題への適用

二重振り子の問題に，ラグランジュの運動方程式を適用した例を，7.1.1項にて示した。同様に図7.3に示すような，滑らかな水平面上の二つの物体をばねで結合した系も，ラグランジュの運動方程式を用いて表現すると次式となる。

$$\frac{d}{dt}\left(\frac{\partial L}{\partial \dot{x}_1}\right) - \frac{\partial L}{\partial x_1} = 0 \tag{7.4}$$

$$\frac{d}{dt}\left(\frac{\partial L}{\partial \dot{x}_2}\right) - \frac{\partial L}{\partial x_2} = 0 \tag{7.5}$$

ただし，x_1，x_2 は，質量 m_1，m_2 を持つ物体それぞれのつり合い位置からの変位であり，

$$L = K - U \tag{7.6}$$

である。

図7.3に示す系で，運動エネルギー K と位置エネルギー（ポテンシャル）U は

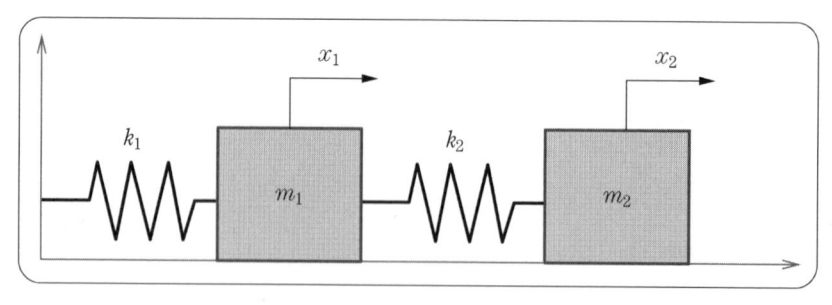

図7.3 二つの物体をばねで結合した例

$$K = \frac{1}{2} m_1 \dot{x}_1^2 + \frac{1}{2} m_2 \dot{x}_2^2 \tag{7.7}$$

$$U = \frac{1}{2} k_1 x_1^2 + \frac{1}{2} k_2 (x_1 - x_2)^2 = \frac{1}{2} (k_1 + k_2) x_1^2 - k_2 x_1 x_2 + \frac{1}{2} k_2 x_2^2 \tag{7.8}$$

であり,この式(7.7),(7.8)を,式(7.6)に代入して得られた L を,式(7.4),(7.5)に代入すると,つぎの運動方程式を導くことができる。

$$m_1 \ddot{x}_1 + (k_1 + k_2) x_1 - k_2 x_2 = 0$$
$$m_2 \ddot{x}_2 - k_2 x_1 + k_2 x_2 = 0$$

7.2.2 ラグランジュの運動方程式とニュートンの運動方程式

ラグランジュの運動方程式とニュートンの運動方程式,この二つ表現はじつは等価であり,同じであることは,つぎのように簡単に示すことができる。まず

$$L = K - U = \frac{1}{2} m \dot{x}^2 - U(x)$$

(位置エネルギー(ポテンシャル)は変位 x の関数であるから)したがって,ラグランジュの運動方程式(式(7.2))の左辺カッコ内は

$$\frac{\partial L}{\partial \dot{x}} = m \dot{x}$$

となり運動量になる。一方,ラグランジュの運動方程式(式(7.2))の右辺は

$$\frac{\partial L}{\partial x} = \frac{\partial U}{\partial x}$$

となり,これは5章の式(5.5)からもわかるように,力 F である。
よって,式(7.2)の左辺は

$$\frac{d}{dt}(m \dot{x}) = m \ddot{x}$$

右辺は F,したがって,ニュートンの運動方程式($m\ddot{x}=F$)になる。

7.2.3 ラグランジュの運動方程式では困難な例

ここでダンパ(粘性減衰要素)が入った振動系の例を考えてみよう。図 **7.4**

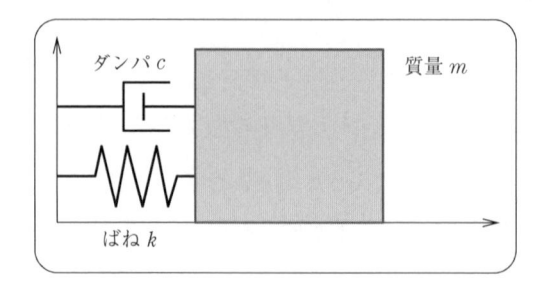

図7.4 質量，ばね，ダンパの系

に示す質量 m，ばね k，ダンパ c で構成される振動系である。ニュートンの運動方程式で表現すると

$$m\ddot{x} + c\dot{x} + kx = 0$$

ときわめて素直に簡単に表記できる。では，ラグランジュの運動方程式ではどうなるだろうか。

これまでは，いわゆる保存系，つまり外力や減衰がない系でラグランジュの運動方程式を立ててきたので単純であったが，減衰がある場合は，保存系でなく，散逸関数 D を導入し，下記のように，減衰に関わる項を付け加える必要がある。

$$\frac{d}{dt}\left(\frac{\partial L}{\partial \dot{x}}\right) - \frac{\partial L}{\partial x} + \frac{\partial D}{\partial \dot{x}} = 0$$

ただし

$$D = \frac{1}{2}c\dot{x}^2$$

ここで，まずエネルギーを表す L について考えると

$$L = K - U, \quad K = \frac{1}{2}m\dot{x}^2, \quad U = \frac{1}{2}kx^2, \quad D = \frac{1}{2}c\dot{x}^2$$

ラグランジュの運動方程式第一項カッコ内は

$$\frac{\partial L}{\partial \dot{x}} = \frac{\partial K}{\partial \dot{x}} = \frac{\partial}{\partial \dot{x}}\left(\frac{1}{2}m\dot{x}^2\right) = m\dot{x}$$

したがって第一項は

$$\frac{d}{dt}\left(\frac{\partial L}{\partial \dot{x}}\right) = m\ddot{x}$$

つぎに，第二項は

$$\frac{\partial L}{\partial x} = \frac{\partial U}{\partial x} = -\frac{\partial}{\partial x}\left(\frac{1}{2}kx^2\right) = -kx$$

さらに第三項は

$$\frac{\partial D}{\partial \dot{x}} = \frac{\partial}{\partial \dot{x}}\left(\frac{1}{2}c\dot{x}^2\right) = c\dot{x}$$

よって，ラグランジュの運動方程式は，ニュートンの運動方程式と同じ

$$m\ddot{x} + c\dot{x} + kx = 0$$

となった。

以上からわかるように，1自由度系の簡単な振動系は，ラグランジュの運動方程式で表すより，ニュートンの運動方程式で考えた方が簡単である。

> **コラム4**
>
> **新しいロボットを生み出す秘訣**
>
> 新しいロボットは多種の専門領域の融合から生まれる。筆者の経験では
>
> イルカロボット

理学領域である「生物のメカニズム研究」と工学領域である「弾性振動翼研究」から魚ロボットが生まれたように，工学と理学，さらには医学，農学，文学，教育学，経済学などさまざまな分野の領域と融合し，前向き思考で挑戦し続ければ，必ず新しいロボットが生み出される。他領域の良い研究パートナーを見つけることも重要である。顧客ニーズと技術シーズ，および，他領域のさまざまな専門性がうまくマッチして有用なロボットが生みだされる。

シーラカンスロボット

8. 機械振動学

8.1 振動の基本

8.1.1 集中質量系と分布質量系

振動とは，図 8.1 に示すように変位などの物理量が，その物理量の平均値もしくはその近傍値を中心に，周期性を有しながら繰り返し変動する現象と定義される。

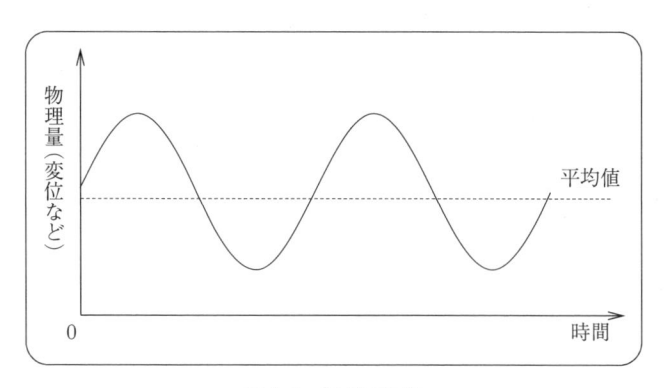

図 8.1 振動現象

振動している物体を振動体と称する。振動体の振動現象の力学モデル化には，**集中質量系**（lumped mass system）および**分布質量系**（distributed mass system）により取り扱う方法に大別できる。図 8.2(a) のような振動体の振動現象を考える。集中質量系は振動体の質量の分布状況が図 8.2(b) に示すよう

74   8. 機械振動学

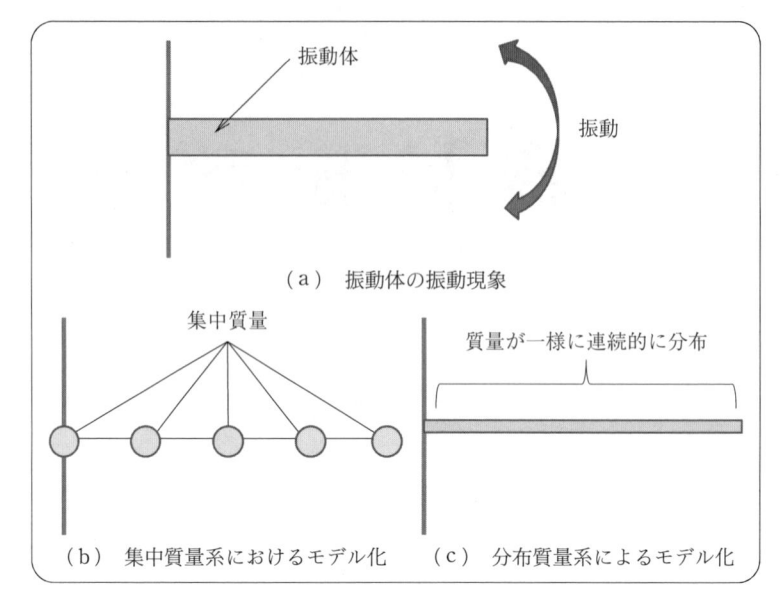

（a） 振動体の振動現象

（b） 集中質量系におけるモデル化   （c） 分布質量系によるモデル化

図 8.2　振動体のモデル化

に局所的に集中すると考え，力学モデル化を行い，常微分方程式で振動現象を数式表現する。一方，分布質量系は図 8.2(c) に示すように振動体の質量が一様に連続的に分布していると考え，力学モデル化を行い，偏微分方程式で振動現象を数式表現する。

8.1.2　振動モデルの六つの要素

振動体の振動現象を力学を用いて数式で表現する。これを振動モデルと称す。

振動モデルは通常六つの要素を基本とする。すなわち，三つの並進運動の要素（〔1〕〜〔3〕）と三つの回転運動の要素（〔4〕〜〔6〕）である。

〔1〕　**質量による慣性力**

質点あるいは剛体が並進運動を行うとき，加速度方向とつねに逆向きに**慣性力**（inertial force）が生じる。図 8.3 のように変位 x の座標系において質量 m の質点が振動するとき

8.1 振動の基本　75

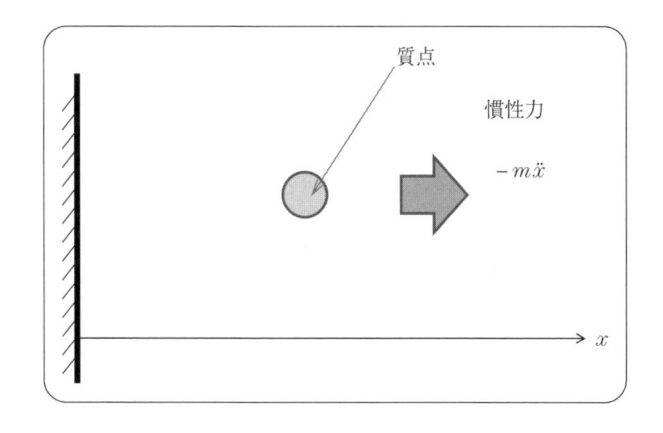

図8.3　慣　性　力

慣性力 $= -m\ddot{x}$

である。

〔2〕 **ばねによる復元力**

ばね（spring）が伸びる（縮む）と**復元力**（restoring force）が縮む力（伸びる力）として生じる。**図8.4**のように x_2-x_1 だけ，ばねが変位すると

復元力 $= -k(x_2-x_1)$

である。k を**ばね定数**（spring constant）（単位：〔N/m〕）という。

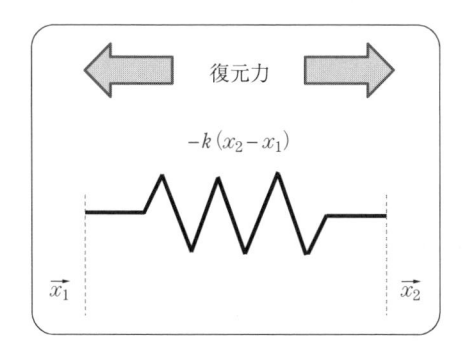

図8.4　復　元　力

〔3〕 **ダッシュポットによる減衰力**

ダッシュポット（dashpot）は振動体の**減衰能**（damping capacity）を表し，ダンピング（減衰）させる力である（**粘性**）**減衰力**（(viscous) damping force）が生じる。

図8.5のようにダッシュポット両端の速度を $\dot{x}_1$, $\dot{x}_2$ とすれば

$$減衰力 = -c(\dot{x}_2 - \dot{x}_1)$$

である。c を（**粘性**）**減衰係数**（(viscous) damping coefficient）（単位：〔Ns/m〕）という。

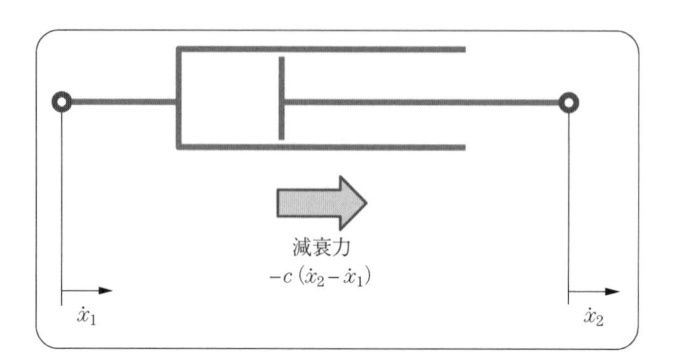

図8.5 減衰能

〔4〕 **慣性モーメントによる慣性偶力**

剛体が回転運動を行うとき，回転軸のまわりに**慣性偶力**（inertia couple）が生じる。回転運動の角加速度を $\ddot{\theta}$，慣性モーメントを I とすると

$$慣性偶力 = -I\ddot{\theta}$$

である。

〔5〕 **回転ばねによる復元トルク**

回転ばね（spring of gyration）が回転すると，回転方向と逆向きに**復元トルク**（restoring torque）が生じる。相対角変位を $\theta_2 - \theta_1$ とすると

$$復元トルク = -\gamma(\theta_2 - \theta_1)$$

である。γ を**回転ばね定数**（spring constant of gyration）（単位：〔Nm/rad〕）という。

〔6〕 **回転ダッシュポットによる減衰トルク**

回転ダッシュポット（dashpot of gyration）により回転体の**減衰トルク**（damping torque）が生じる。

相対角速度を $\dot{\theta}_2 - \dot{\theta}_1$ とすると

$$減衰トルク = -d(\dot{\theta}_2 - \dot{\theta}_1)$$

である。d を (**粘性**) **回転減衰係数** ((viscous) damping coefficient of gyration) (単位：〔Nms/rad〕) という。

8.1.3 単 振 動

魚ロボットを例に**単振動** (simple harmonic motion) をマスターしよう。図 8.6 のように，魚ロボットのひれが中心軸 (原点 O) を中心に，正方向，負方向に**振幅** (amplitude) a (変位の最大値) で振動するとする。

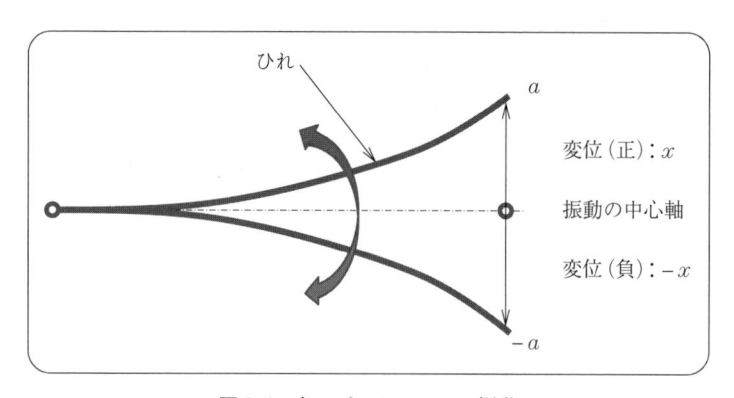

図 8.6 魚ロボットのひれの振動

このとき，変位 x は

$$x = a \cos \omega t \tag{8.1}$$

で表される。ω を**角速度** (angular velocity) (単位：〔rad/s〕) あるいは**角振動数** (angular frequency) という。

ひれが正の最大振幅 a から負の最大振幅 $-a$ まで振動し，再び最大振幅 a まで戻る時間を**周期** (period) (単位：〔s〕) という。また，1 秒間当りの回転回数を**振動数** (frequency) (単位：〔Hz〕) という。1 秒間にひれが 2 回，正の最大振幅 a から負の最大振幅 $-a$ まで振動し，再び最大振幅 a まで戻る振動をすれば，振動数は 2 Hz である。

周期 T と振動数との間には

$$f = 1/T \tag{8.2}$$

の関係がある。

また，周期 T は ω を用いて

$$T = 2\pi/\omega \tag{8.3}$$

と表される。

単振動の式は，**初期位相角**（initial phase angle）ϕ（単位：〔rad〕）を用いて

$$x = a\sin(\omega t - \varphi) \tag{8.4}$$

とも記述できる。

速度は x を時間 t に関して微分して

$$\dot{x} = a\omega\cos(\omega t - \varphi) \tag{8.5}$$

となり，加速度は $\dot{x}$ を時間 t に関して微分して

$$\ddot{x} = -a\omega^2\sin(\omega t - \varphi)$$
$$= -\omega^2 x \tag{8.6}$$

となる。加速度は変位の $-\omega^2$ 倍となる。単振動は**調和振動**（harmonic vibration）とも呼ばれる。ここで，x，$\dot{x}$，$\ddot{x}$ は同じ振動数を持つ調和振動である。

8.2 自　由　振　動

ばねと質点からなる系において，つり合いの位置から質点を引っ張って，ばねを伸ばし，手を放すと振動が始まる。外からの加振，エネルギー注入なしに続く振動を**自由振動**（free vibration）と呼ぶ。振動現象の基本はこの自由振動である。そこでまず自由振動について説明したい。

8.2.1 非 減 衰 振 動

質点とばねのみからなる系では，一度発生した振動は，減衰しないため持続する。これを**非減衰振動**（non damping vibration）と呼ぶ。非減衰振動は，力学の問題として理想化して考えた，摩擦の無い世界における挙動である。振動現象が起こる現実の世界では，周囲の空気による抵抗，各部摩擦抵抗など，必ず減衰要素が含まれている。

8.2 自由振動　79

8.2.2 減衰振動

振動系に，図8.7に示すような**ダンパ**（damper），**ダッシュポット**（dashpot），**ショックアブソーバ**（shock absorber）が入っていると，振動は時間とともに減衰する．これを**減衰振動**（damping vibration）と呼ぶ．実世界の機械には，ダンパのように，油がオリフィスという小さな穴を通過する際の現象を利用して，速度に比例した力を発生する**粘性減衰**（線形）（viscous damping）の他に，摩擦のように非線形な減衰要素もある．図8.8にダンパの減衰特性を示す．

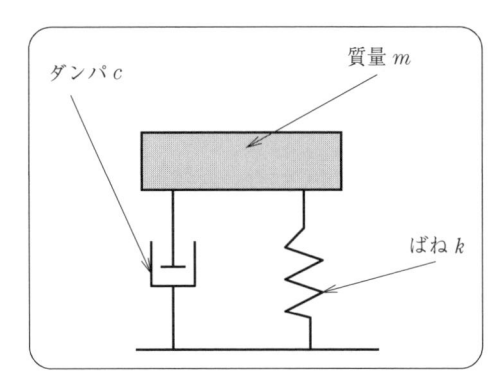

図8.7　減衰のある1自由度振動系

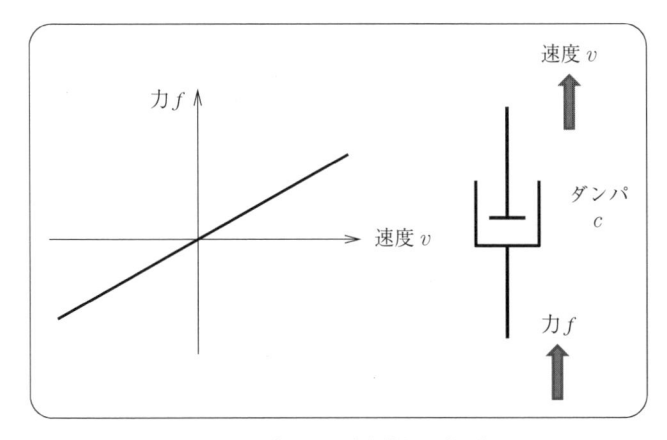

図8.8　ダンパの減衰特性（線形）

図 8.9 に摩擦による減衰特性を示す．静止摩擦の影響で，変位 0 からある大きさの力に達するまで変位がなく，ある大きさの力（静止摩擦力）を超えると急に変位が生じる．この不連続性から非線形となっている．

ダンパのように，線形な減衰要素の入った振動系は，ある程度解析的に（式変形による解法）で解くことができるが，摩擦抵抗のような，非線形要素の入った減衰振動は，計算機シミュレーションによる解法が主力である．

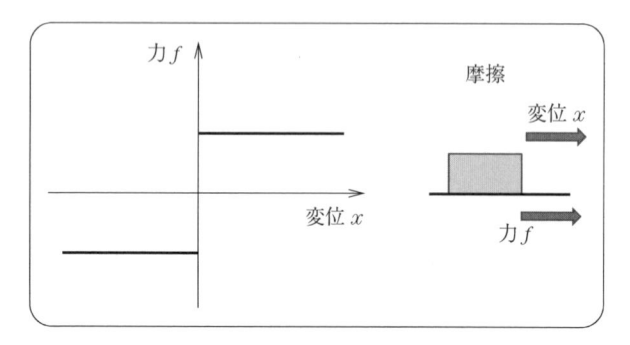

図 8.9 摩擦による減衰特性（非線形）

8.2.3 自励振動

外部から振動的外力の働きかけなしに持続する振動を**自励振動**（self-excited vibration）と呼ぶ．例えば，図 8.10 に示すような，ベルトコンベアー上におもりが乗って，ばねで固定壁とつながれている系を考えてみよう．ベ

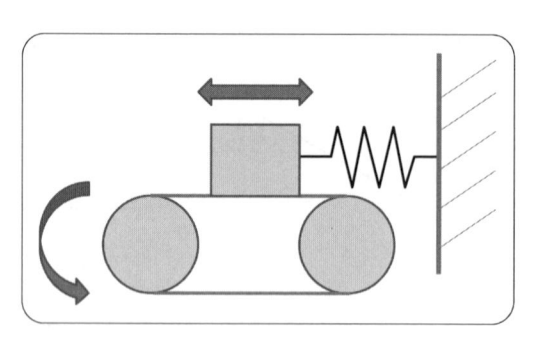

図 8.10 自励振動する系の例

ルトコンベアーが一定方向に動作すると，ベルトに乗っているおもりは静止摩擦でベルトにつられて移動する．しかし，ばねがある程度伸びると収縮力が静止摩擦力を上回って，おもりはベルト上を滑りながら戻る．ある程度戻ると，またベルトにつられて移動し，また伸び縮みを繰り返す．

別の例として，電気機関車の動輪の軸のねじり振動の例を示そう．**図 8.11**に示すように，モータからの動力，車輪レール間の摩擦力の間に軸がねじりばねとして作用し，ねじり振動を発生する．大空転の直前にこの自励振動が増大することが知られており，この空転前駆現象を利用した，駆動力最大を維持する制御を行う電気機関車も開発実用化された．

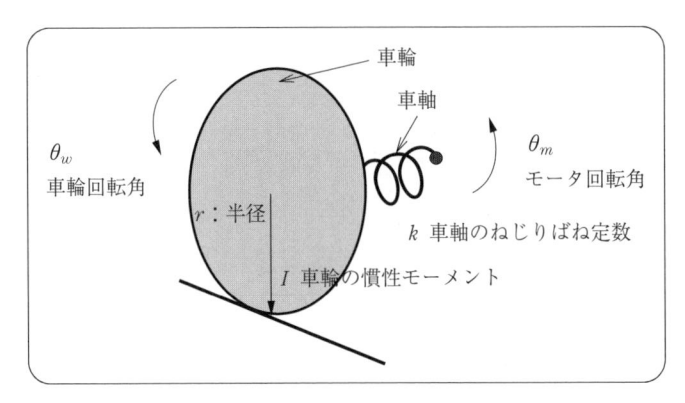

図 8.11 電気機関車の動輪振動系
(出典：林　輝，伊藤高廣：運動とメカニズム，pp.136-137，コロナ社（2009））

図 8.11 で示す車輪の慣性モーメント I，車輪回転角とモータ回転角の差（$\theta_m - \theta_w$），車軸のねじりばね定数 k を用いて，回転方向の運動方程式を立てることができる．さらに，この運動方程式から系の固有振動数を求めることができる．模型を用いた実験，実車を用いた実験から，上記解析で求めた固有振動数で実際にねじりの自励振動が起きることが確認できた．この空転前駆現象を用いると，電気機関車や電車において，駆動力最大の状態を保つよう制御することができる．一般には自励振動は，騒音源や機械を壊す原因となりかねないため，防ぐべきものであるが，この例のように逆に利用して役立てることもできる．

8.3 強制振動

機械の外部から繰り返しの力を加えられる，あるいは機械内部に動力などの振動源がある場合，**強制振動**（forced vibration）となる。例えば，自動車ででこぼこの道を走ることで路面変動（外部からの変位）が原因となる車体の振動（図 8.12）や，自動車のエンジン振動（内（下）部からの力）が原因となる車体の振動である（図 8.13）。この強制振動を利用して，走行するカプセル型ロボットもある。振動は必ずしも抑えるものではなく，利用して効率よく機械を動かすことにも使われる。

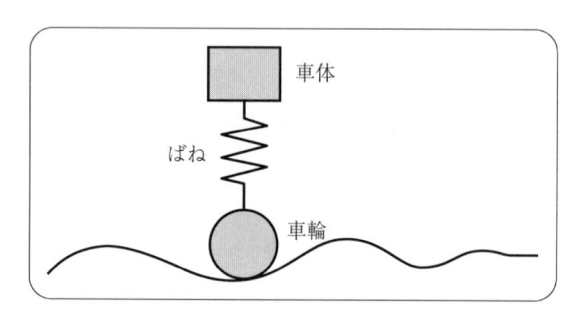

図 8.12　でこぼこ道を走行する自動車のモデル

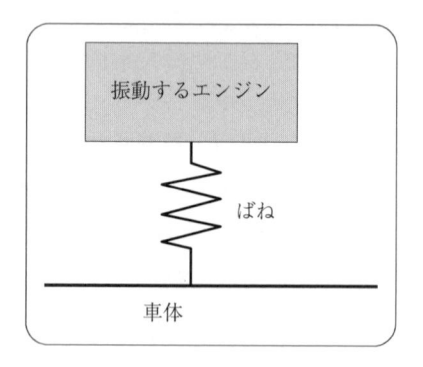

図 8.13　エンジンが振動源の車体の振動モデル

8.3 強制振動　　83

8.3.1 強制振動と自由振動の相違

輪ゴムを連ねて先にホッチキスなどのおもりをつるして，簡単な実験ができる．図 8.14 に示すように，ホッチキスを質点に見立て，輪ゴムを連ねてばねに見立てる．ホッチキスを下方に引っ張り放し，何もしないと，先に解説した自由振動となり，ぶら下げている手を上下に動かせば，強制振動である．

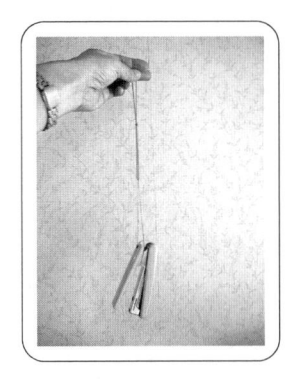

図 8.14　強制振動，自由振動の簡単な実験

この身近な道具でできる簡単な実験で，図 8.15 に示す 1 自由度系の振動特性を体感することができる．すなわち，まず手がゆっくり動いている時，図

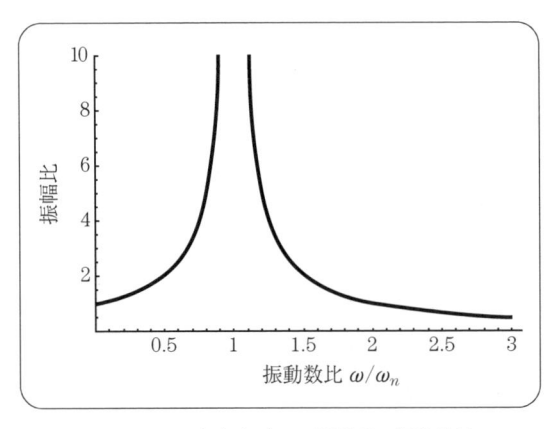

図 8.15　1 自由度ばね―質量系の振動特性

8.15の特性グラフで，横軸の振動数比（振動数/固有振動数）が0に近い，つまり直線運動に近い振動とほど遠い動きでは，手の上下動とほとんど同じ動きを，輪ゴムにつけたおもり（ホッチキス）が行うため，縦軸に示す，振幅比が1である。しだいに手の動きを振動的にしていくと，横軸で振動数比1のとき，つまり固有振動数で往復運動のとき，振幅が急に大きくなり，共振現象が生じる。さらに振動数を大きくしていくと，おもりであるホッチキスがだんだん動かなくなり，手だけが素早く振動を繰り返すようになる（振幅比が0に近づく）。

ポイント解説

自由振動と強制振動の数式表現

変位を x，固有振動数を ω_n とすれば，自由振動は

$$\frac{d^2x}{dt^2} + \omega_n^2 x = 0$$

で表すことができ，強制振動は

$$\frac{d^2x}{dt^2} + \omega_n^2 x = F_0 \cos \omega t \quad (F_0 \cos \omega t \text{ は周期的な外力})$$

で表すことができる。

8.3.2 共振と事例

ばねと質量からなる機械に，ある振動数の振動を加えていくと振動がしだいに大きくなり，場合によっては振幅が発散して壊れる場合がある。この現象を**共振**（resonance）と呼ぶ。この振動数を**固有振動数**（natural froquency）と呼び，ばねと質量からなる機械には，この固有振動数が存在する。共振現象がどのようなものか，また固有振動数の導き方を調べてみよう。

振動を利用して機械を移動させることができる。例えば，机の上に置いた携帯電話が，バイブレータがオンになっていると着信と同時に振動で移動することはしばしば目にする現象である。

8.3 強　制　振　動　　85

　このような機械の振動は，固有振動数での共振時においてその効果が最大となる．振動を利用した例をいくつか示そう．

　図 8.16 に示す玩具は，共振を利用した「やじろべえ」である．向かって左側の腕に装着した電子回路によって，一定時間間隔で，右側の腕に載せたモータが回転し，わずかな力を与えるようになっている．この時間間隔をこの玩具全体の固有振動数（共振周波数）と一致するよう調整すると，モータについたプーリの回転という微小な力にもかかわらず，左右の揺れを持続させる動きをする．

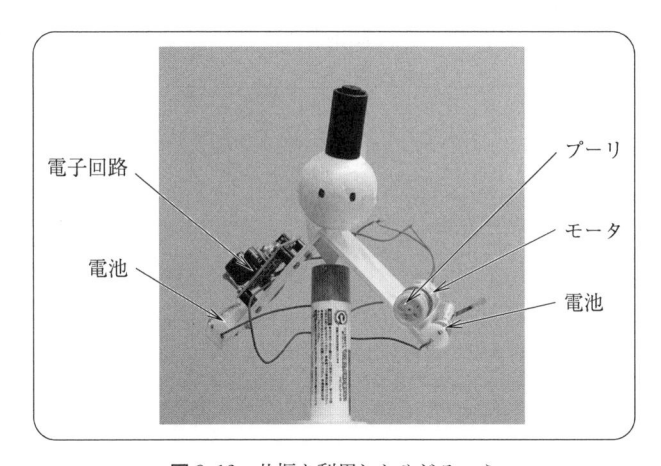

図 8.16　共振を利用したやじろべえ

　つぎに，消化管内の検査治療を目的に開発中のカプセルを図 8.17 に示す．直径 11 mm，長さ 24 mm と人が呑み込めるサイズながら，電池，回路，アク

図 8.17　振動を利用して走行するカプセル

チュエータを内蔵し，無線指令により，前進，後進が行える。

カプセル内には，前後に振動するアクチュエータが組み込まれており，共振を利用することで，自走が可能となっている。手足，ひれ，車輪のような突起物を使わず走行できるので，体内を傷つける恐れがないという利点がある。

図 8.18 に示すのは，共振を利用して検出する「においセンサ」である。通常は，中央の振動子にレーザを間欠的に照射することで熱による振動を起こしている。振動特性を図 8.19 に示す。この振動子ににおいの粒子が付着すると，

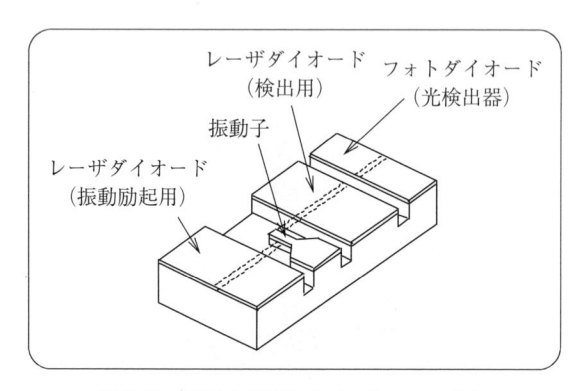

図 8.18 振動を利用した「においセンサ」
(出典：浮田宏生：ここまできた光技術，講談社ブルーバックス (1995))

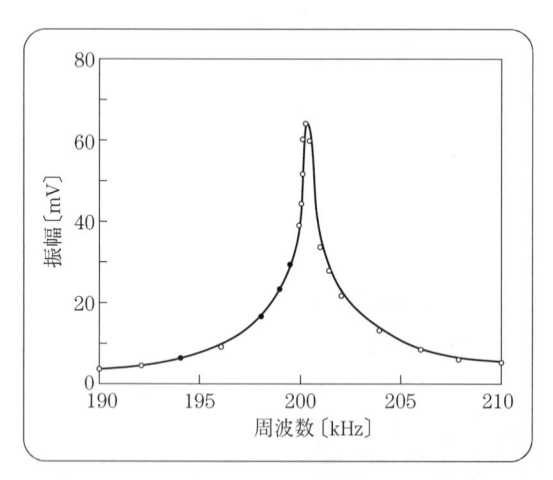

図 8.19 振動子の長さが 110 μm の場合の振動周波数特性
(出典：浮田宏生：ここまできた光技術，講談社ブルーバックス (1995))

質量変化により固有振動数が変わり，この変化の度合いを検出することでにおい粒子の識別が可能となる。このセンサは，マイクロマシン技術で作られており，振動子が110 μm と非常に小さいことから，におい粒子の付着が検出できるのである。

鉄道車両において，振動はその乗り心地，安全性に大きな影響を与える。車輪を軸で結んだ要素を**輪軸**（wheel set, wheel and axle）と呼ぶ。輪軸の踏面勾配は，カーブでの自己操舵性を発揮させるためのものであるが，これが災いして直線での高速走行安定性を損なう。すなわち，左右車輪の回転半径が等しい位置（中立位置）からずれると，位置を戻そうとする方向に旋回を始め，行きすぎると今度は逆方向に旋回が始まるという繰り返しにより，図 8.20 に示すような線路水平面内の振動現象が生じる。この自励振動を**蛇行動**（nosing, hunting）と呼ぶ。輪軸と台車，車体の各パラメータにより蛇行動波長は決まり，長くとるほど高速安定性が増す。新幹線車両は，この蛇行動波長が在来線の車両より約 2 倍長くなるよう設計されており，これが時速 300 km 以上での安定走行を実現している。

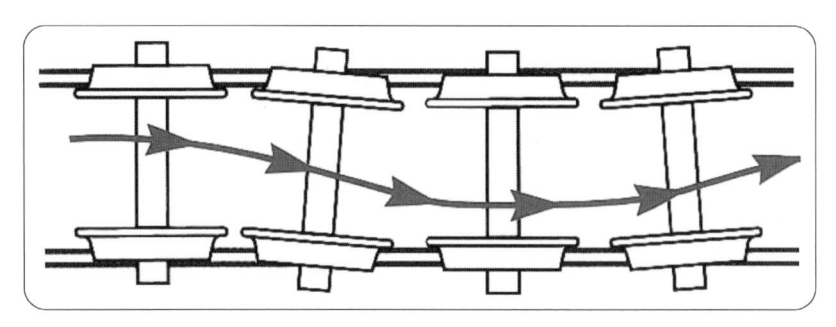

図 8.20 蛇 行 動
（出典：鉄道ファン，Vol.45, No.532, p.88, 交友社（2005））

以上述べてきた，共振現象と固有振動数の求め方を調べてみよう。上記いくつかの例でもわかるように，機械には加振されるとより振動が大きくなっていく振動数が存在する。最も簡単な例（単振動のモデル）で示してみよう。図 8.21 に示すように質量 1 個とばね 1 個が結合され，摩擦のない系を考える。

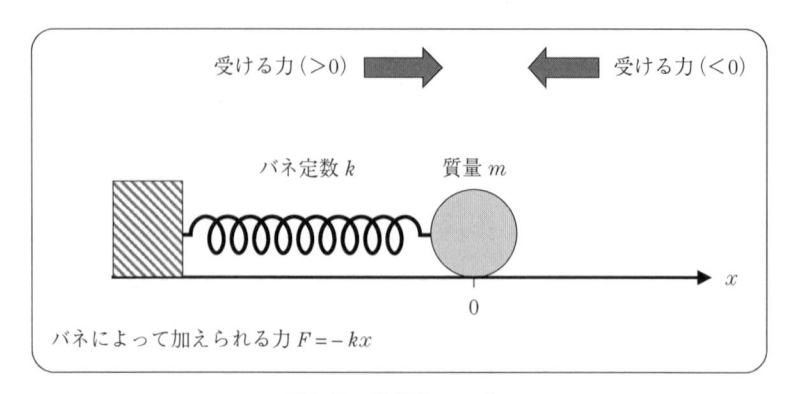

図 8.21 単振動のモデル

図 8.21 において，質量を m〔kg〕，ばね定数を k〔N/m〕，質量の変位を x〔m〕，時間を t〔s〕（秒）とすると，運動方程式は

$$m\frac{d^2x}{dt^2} + kx = 0 \tag{8.7}$$

となり，変位 x について時間 t の関数として解を求めると，その運動は単振動となる．すなわち，初期変位 x_0 を与えてから放し，自由に振動をさせたとき

$$x = x_0 \cos\sqrt{\frac{k}{m}}\, t \tag{8.8}$$

上式で表される周期的な動作を行う．ここで，ω_n を以下のように定めると

$$\omega_n = \sqrt{\frac{k}{m}} \tag{8.9}$$

この系の**固有振動数**（natural frequency）は以下のように求められる．

$$f_n = \frac{\omega_n}{2\pi} = \frac{1}{2\pi}\sqrt{\frac{k}{m}} \tag{8.10}$$

具体的な系について固有振動数を求めてみよう．最も簡単な例としておもりにばねが付いているものを考える．これは，電車や自動車のサスペンションを簡略化したものとみなしてもよい．摩擦はないものと理想化して，質量1個，ばね1個が接続しているので，この質量を中心とした運動方程式を立てると，まず質量に働く慣性力があり，つぎのように表される．

$$m\frac{d^2x}{dt^2}$$

この質量には，ばねが変位したとき生じる力も働くので $-kx$，しかもこれは押せば戻し，引けば戻す方向に，すなわち変位と逆方向に働く力なので，変位 x に対して－（マイナス）がつく．この運動方程式を解き，振動の式を求めるには，2階微分して自分自身に－がつく関数を求めればよい．これは三角関数の $\sin$, $\cos$ である．そこで $\sin \omega t$ を解として仮定し，代入してみる．ここから角振動数 ω が求まる．

検証してみよう．式(8.8)より

$$x' = x_0 \sqrt{\frac{k}{m}} \left(-\sin \sqrt{\frac{k}{m}} t \right) \tag{8.11}$$

$$x'' = -x_0 \frac{k}{m} \cos \sqrt{\frac{m}{k}} t \tag{8.12}$$

式(8.12)を式(8.7)に代入して

$$m\left(-x_0 \frac{k}{m} \cos \sqrt{\frac{m}{k}} t \right) + kx_0 \cos \sqrt{\frac{m}{k}} t$$

$$= -x_0 k \cos \sqrt{\frac{m}{k}} t + kx_0 \cos \sqrt{\frac{m}{k}} t$$

$$= 0$$

が成り立つ．よって式(8.8)は運動方程式(8.7)の解の一つであることが確認できる．

8.3.3 強制振動の例

〔1〕 振動の床伝達

図 8.22 において，変位を x とし，振動体の振動が床伝達する場合を考える．振動体は，ばね（ばね定数 k）とダッシュポット（粘性減衰係数 c）を介して床に振動伝達力 T を発生させるとする．

T は

$$T = kx + c\dot{x} \tag{8.13}$$

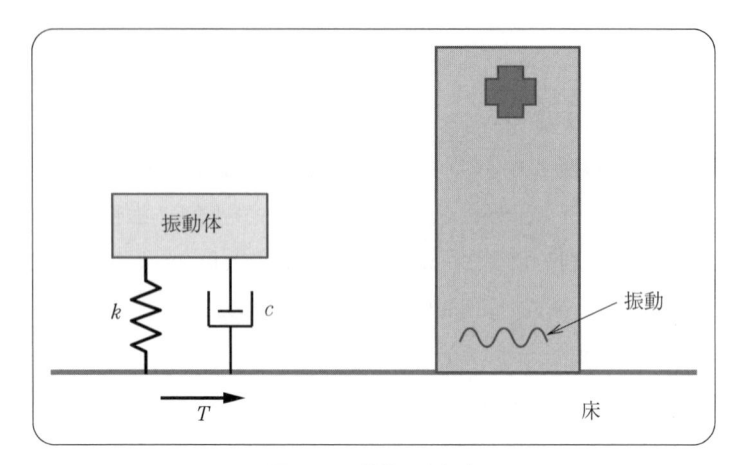

図 8.22　振動の床伝達

と表せる。振動伝達の振幅を T_0 とすると，変位 x の振幅を x_0，角速度を ω として

$$T_0 = x_0\sqrt{k^2+(c\omega)^2} \tag{8.14}$$

である。

振動の伝わる割合を**伝達率**（transmissibility）と呼び

$$伝達率 = \frac{T_0}{F_0} = \frac{\sqrt{1+(2\zeta v)^2}}{\sqrt{(1-v^2)^2+(2\zeta v)^2}} \tag{8.15}$$

と記述できる。ただし，v は角振動数と固有振動数の比（$v=\omega/\omega_n$）であり，ζ は**減衰比**（damping ratio）である。

ポイント解説

減衰比 ζ と固有振動数 ω_n を用いると，変位 x は

$$\ddot{x} + 2\zeta\omega_n \dot{x} + \omega_n^2 x = 0$$

と表される。

$0<\zeta<1$ であれば，
自由振動は振動しながら減衰し，$\zeta>1$ であれば，**過減衰**（over damping）となる。

減衰比 ζ は

$$\zeta = \frac{\text{粘性減衰係数}}{\text{臨界粘性減衰係数}}$$

となる。

なお，**臨界粘性減衰係数**（critical viscous damping coefficient）C_c は質量 m，ばね係数を k とすれば

$$C_c = 2\sqrt{mk}$$

である。

〔2〕 床振動による強制振動

図 8.23 に示すように，床が振動してばねとダッシュポッドによって連結される（上部）構造物に強制振動を引き起こす例を考える。
床の上下振動を $y = a\cos\omega t$ とすれば，質量 m の構造物の変位 x により，慣性力 $-m\ddot{x}$，減衰力 $-c(\dot{x}-\dot{y})$，復元力 $-k(x-y)$ が生じる。
運動方程式は

$$m\ddot{x} + c(\dot{x}-\dot{y}) + k(x-y) = 0 \tag{8.16}$$

となり，x, $\dot{x}$, $\ddot{x}$ の項を左辺に，y, $\dot{y}$, $\ddot{y}$ の項を右辺に整理すると

$$m\ddot{x} + c\dot{x} + kx = c\dot{y} + ky = ka\cos\omega t - c\omega a\sin\omega t \tag{8.17}$$

である。右辺は強制力を意味する。

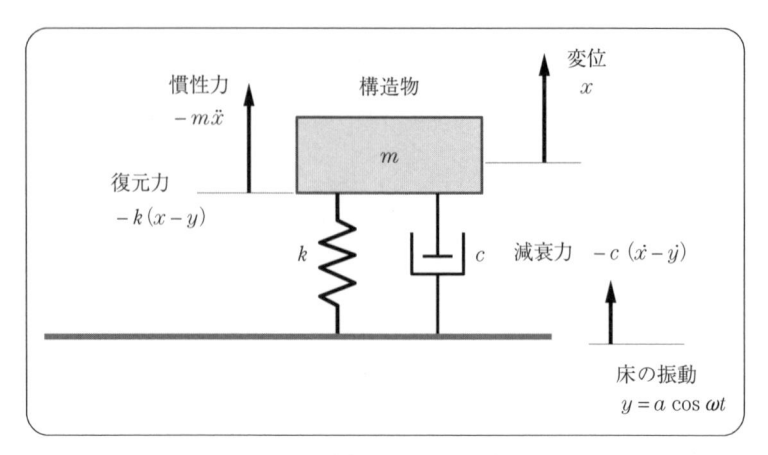

図 8.23 床振動による強制振動

〔3〕 **サイズモ計**

サイズモ計（seismic sensor）は，加速度計や変位計の原理となる重要なセンサである。**図 8.24** のように床にセンサとして設置して加速度や変位を測定するのに使われる。

床変位を $y(=a\cos\omega t)$ として，サイズモ計の中の質量 m の物体の変位を x とすれば，物体と床との相対変位は

$$z = x - y \tag{8.18}$$

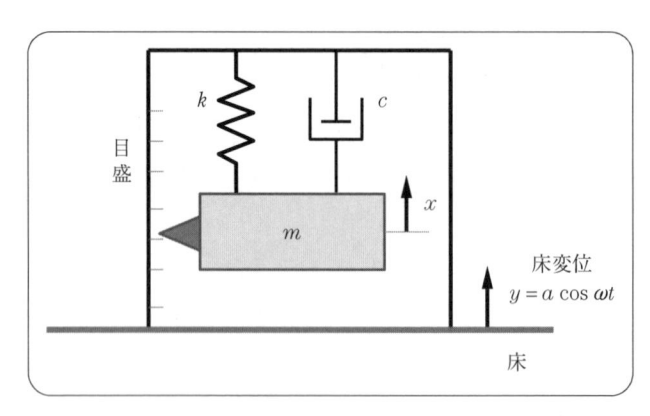

図 8.24 サイズモ計

8.3 強制振動

である。

よって，運動方程式は

$$m\ddot{z}+c\dot{z}+kz=-m\ddot{y}=ma\omega^2\cos\omega t \tag{8.19}$$

となる。

相対変位 z の定常振幅を z_0，位相差を φ とすれば

$$\frac{z_0}{a}=\frac{v^2}{\sqrt{(1-v^2)^2+(2\zeta v)^2}} \tag{8.20}$$

$$\varphi=\tan^{-1}\frac{2\zeta v}{1-v^2} \tag{8.21}$$

となる。ここで

$$v=\frac{\omega}{\omega_n}=\omega\sqrt{\frac{m}{k}} \tag{8.22}$$

$$\zeta=\frac{c}{C_c}=\frac{c}{2\sqrt{mk}} \tag{8.23}$$

である。$v\ll 1$ のときは

$$z_0\fallingdotseq av^2, \quad \varphi\fallingdotseq +0 \tag{8.24}$$

と近似できる。これは加速度振幅に比例する量が検出されることを示し，固有振動数 ω_n が ω よりはるかに高いとき，ばねの変位量から床の加速度が計測できる。

$v\gg 1$ のときは

$$z_0\fallingdotseq a, \quad \varphi\fallingdotseq \pi \tag{8.25}$$

と近似できる。

固有振動数 ω_n が ω よりはるかに低いとき，ばねの変位量から床の変位が計測できる。

〔4〕 **ハーフパワー法**

減衰の小さい振動のとき，共振曲線のピーク近傍値から減衰比 ζ を求める方法の一つに**ハーフパワー法**（half power method）がある。ここで **Q ファクター**（quality factor）の概念が重要である。

図 8.25 に示す**共振曲線**（resonance curve）において

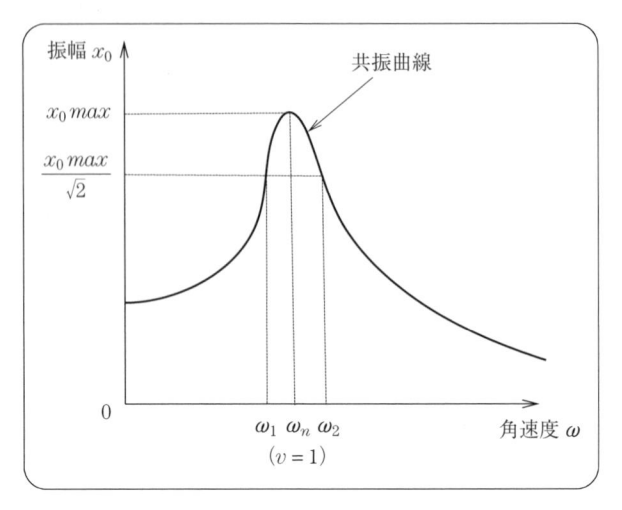

図 8.25　ハーフパワー法

Quality factor Q は

$$Q = \frac{\omega_n}{\Delta\omega} = \frac{\omega_n}{\omega_2 - \omega_1} = \frac{1}{\left(\dfrac{\omega_2}{\omega_n} - \dfrac{\omega_1}{\omega_n}\right)} \tag{8.26}$$

となり，共振曲線のピークが鋭いとき

$\Delta\omega \to$ 小，$Q \to$ 大

である。

振幅倍率（amplitude magnification factor） M_f

$$= \frac{\textbf{振幅}\,(\text{amplitude})}{\textbf{静たわみ}\,(\text{static deflection})} = \frac{1}{\sqrt{(1-v^2)^2 + (2\zeta v)^2}} \tag{8.27}$$

共振ピークの大きさは $v=1$ となり

$$M_{fp} = \frac{1}{2\zeta} \tag{8.28}$$

であるから，ハーフパワー点を求める条件式は

$$\frac{1}{\sqrt{\left[1-\left(\dfrac{\omega}{\omega_2}\right)^2\right]^2 + \left(2\zeta\dfrac{\omega}{\omega_n}\right)^2}} = \frac{1}{2\zeta\sqrt{2}} \tag{8.29}$$

よって

$$\frac{\omega_1}{\omega_n} = \sqrt{1+2\zeta\sqrt{1+\zeta^2}-2\zeta^2} = \sqrt{1+2\zeta} \fallingdotseq 1+\zeta \tag{8.30}$$

$$\frac{\omega_2}{\omega_n} = \sqrt{1-2\zeta\sqrt{1+\zeta^2}-2\zeta^2} = \sqrt{1-2\zeta} \fallingdotseq 1-\zeta \tag{8.31}$$

$$\frac{\omega_2-\omega_1}{\omega_n} = 1+\zeta-(1-\zeta) = 2\zeta \tag{8.32}$$

となり

$$Q = \frac{1}{2\zeta} \tag{8.33}$$

である。

ハーフパワー法を整理するとつぎのようになる。

① 共振曲線より，ω_1，ω_2，ω_n を求める。

② 式(8.26)より Q を求める。

③ 式(8.33)より減衰比 ζ を求める。

> コラム5

機械振動は悪玉か善玉か

　機械振動学は共振の回避など機械振動の抑制を目的とした技術に活用されることが多い。すなわち，機械振動は悪玉な物理現象として工学の中ではいかに退治するかに論点が置かれてきた。ところが，最近は携帯のバイブレータなど機械振動を善玉として有効活用した工学製品が生まれている。魚ロボットも30年の歴史があるが，鰭(ひれ)の振動を推進に利用した善玉技術であり，最近は共振を利用して効率的に泳がせることができる。図8.26に1995年（35歳）の著者と開発した鯛ロボットを示す。20歳代の頃に構築した弾性振動翼推進システムの原理を本物そっくりに泳ぐ魚ロボットとして完成させた。魚ロボットは，Robotic Fishの名前で全世界に知れ渡ることとなる。

図8.26　著者（山本）と鯛ロボット

◇演習問題◇

[8.1] 単振動の運動について，振動振幅 A，角振動数 ω，初期位相 a，時間 t を用いて説明せよ。

[8.2] 質量 0.2 kg の質点が振動数 5 Hz，振幅 0.2 m の単振動をしている。角振動数および振動エネルギーを求めよ。

[8.3] 振幅 A [m] の間を角振動数 ω [rad/s] 初期位相角を ϕ [rad] で単振動する物体がある。この単振動の変位を表す式を，$x = A\cos(\omega t - \phi)$ と表すとき，速度 $\dot{x}$ および加速度 $\ddot{x}$ を求めよ。

[8.4] ばねで吊り下げられたおもりが振動している。おもりの位置をスケールで測ると，基準点から 15 cm と 25 cm の間を上下方向に単振動していることがわかった。1 分間の繰り返しを測ったところ，30 回であった。変位振幅，速度振幅，加速度振幅をそれぞれ求めよ。

ただし，円周率 π は 3.14 として計算せよ。

[8.5] 自由振動と強制振動とについて，その相違について明らかにしながら，説明せよ。

[8.6] 糸の長さ L，おもりの質量 m の単振り子が角振幅 θ_0 で単振動を行うときの振動の周期，振動数，および振動のエネルギーを求めよ。重力加速度の大きさを g とし，空気抵抗は無視してよい。

[8.7] 一定振幅の外力による強制振動について，振幅倍率，固有円振動数の用語を用いて説明し，さらに，共振現象について述べよ。

[8.8] 振動系を集中定数系として力学モデル化し，機械振動を解析するためには，慣性，剛性，減衰能を考慮する必要がある。質量，ばね，ダッシュポットの用語を用いて，慣性，剛性，減衰能との関係を述べ，振動の力学モデル化について説明せよ。振動系は並進運動のみ考え，回転運動は無視してよい。

[8.9] 1 自由度系の強制振動について，慣性力，復元力，減衰力の用語を用いて説明し，さらに，自由振動との違いについて述べよ。

[8.10] 問図 8.1 に示すように，質量 m_1，m_2 を持つ質点 1，2 がばね定数 k_1，k_2 のばねで接続されて自由振動をしている。質点は滑らかな水平面上に置かれており，減衰はないものとする。各質点の静的平衡点の位置からの変位を，それぞれ x_1，x_2 として，質点 1 と質点 2 の運動方程式を記述せよ。

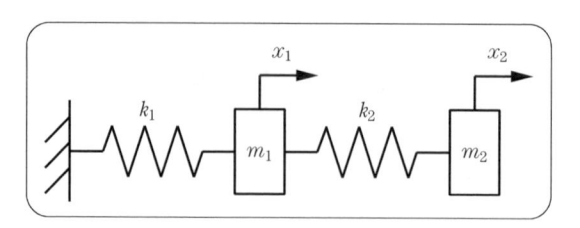

問図 8.1　二つの質点を持つ振動系

〔8.11〕 一定の振幅 F_0 の外力による1自由度の強制振動の応答 x が式(8.34)で表されているものとする。ここに m は質量，c は粘性減衰係数，k はばね定数，ω は外力の角振動数である。

$$m\ddot{x} + c\dot{x} + kx = F_0 \cos \omega t \tag{8.34}$$

A, B を未知数，振幅を x_0, 位相角を ϕ とすれば

$$x = A \cos \omega t + B \sin \omega t = x_0 \cos(\omega t - \phi) \tag{8.35}$$

となる。式(8.35)を式(8.34)に代入し，式を整理し，$\cos \omega t$, $\sin \omega t$ の係数を比較して，A, B を m, k, c, F_0 および ω を用いて表せ。

9. 機械振動問題

9.1 多自由度の振動

　前章の振動問題は1自由度の振動を考えてきた。すなわち，質点，ばね，ダッシュポットはそれぞれ1個ずつのみの問題であった。2個以上の自由度を有する系を多自由度系という。ここでは，図 9.1 に示す質量 m_1，質量 m_2 の質点がばねとダッシュポットで連結された2自由度系の振動を考える。運動方程式は質点1，2についてつぎのとおり立てられる。

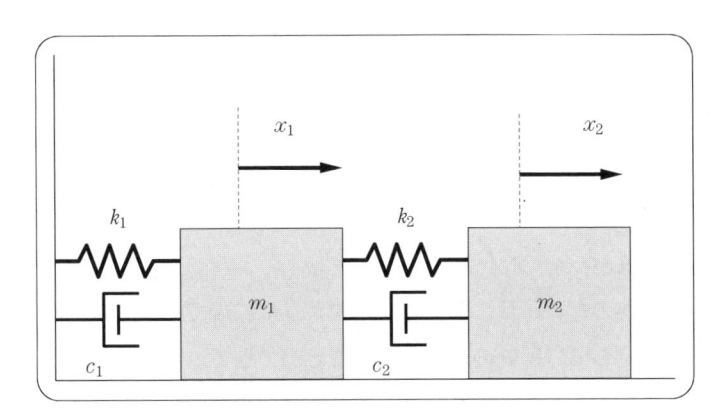

図 9.1　2自由度系の振動

質点1：
$$m_1\ddot{x}_1 + c_1\dot{x}_1 + c_2(\dot{x}_1 - \dot{x}_2) + k_1 x_1 + k_2(x_1 - x_2) = 0 \tag{9.1}$$

質点2：
$$m_2\ddot{x}_2 + c_2(\dot{x}_1 - \dot{x}_2) + k_2(x_1 - x_2) = 0 \tag{9.2}$$

一般に n 自由度の振動問題となると，同様の作り方となる．ただし，運動方程式が n 個必要となるため，行列，ベクトルを用いて

$$M\ddot{x} + C\dot{x} + Kx = 0 \tag{9.3}$$

となる．

ここで，x は変位ベクトル，M は質量行列，C は減衰行列，K は剛性行列である．

9.2 回転体の振動

回転する機構を持つ機械は世の中に多数存在する．例えば，自動車のエンジン，発電所のタービン，鉄道の動輪などである．これらの回転体も振動が大きくなると，いわゆる振れ回りの問題をおこし，重大な事故につながる危険性があるため，対処法を検討する必要がある．回転体は，ある軸のまわりに回転する**ロータ**（rotor）とロータを支え回転軸を定める**軸受**（bearing）から構成される．剛体とみなすロータを**剛性ロータ**（rigid rotor），弾性体とみなすロータを**弾性ロータ**（elastic rotor）あるいは**ジェフコットロータ**（Jeffcott rotor）と呼ぶ．

9.2.1 剛性ロータ

回転する剛体のモデルは，図 9.2 に示すように表現できる．軸は，たわむことはないと仮定して，回転のみを考えることができる．一見，振動の入る余地はなさそうに見えるが，軸のねじり方向の振動が生じる場合がある．例えば，電気機関車の動輪の場合，車軸でモータと車輪の間がつながれており，ねじりばねが入った構造と考えられる．この，車軸のねじり方向に振動が生じることは 8.2.3 項で図 8.11 を用いて解説したとおりである．

9.2 回転体の振動　101

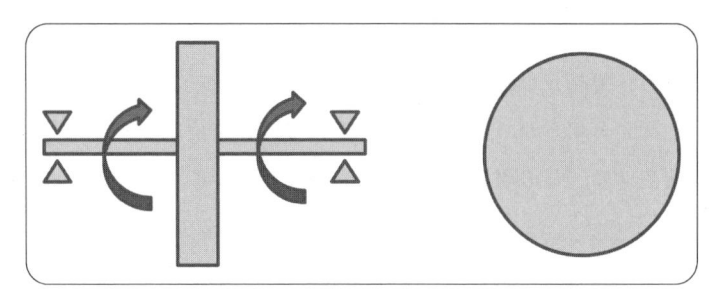

図 9.2　剛性ロータ

9.2.2　弾性ロータ

タービンなどの回転機械では，軸のたわみが**振れ回り**（whirling）の原因となり，これを抑えるための対策が必要となる．発電所のタービン，ジェットエンジン（**図 9.3**）など回転機械では，この振れ回りが機械を破壊することにつながるため，振れ回りの防止が安全上，大変重要な設計検討事項となっている．

図 9.3　ジェットエンジンタービン（弾性ロータの例）

9. 機械振動問題

図 9.4 に弾性ロータの簡単なモデル図を示す。軸に円板（回転体）が取り付けられており，軸受は単純支持であり，軸と一体で回転する。重力の影響は無視する。このとき何らかの外乱で軸がたわんで回転を続けると，図で左右方向の振動が発生する。この現象を振れ回りと呼ぶ。

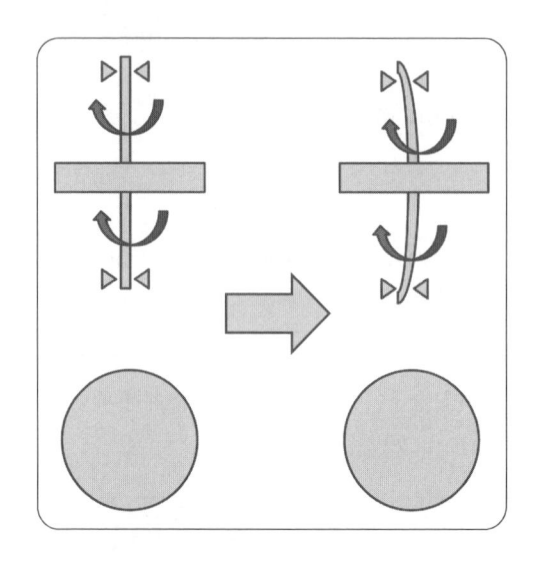

図 9.4 弾性ロータ

k を軸のたわみのばね係数，r を軸のたわみによる変位，m を円板の質量，I を慣性モーメントとすると，円板の重心に働く遠心力（$mr\omega^2$）と軸のたわみによる復元力（ばね力）（kr）がつり合うことから

$$mr\omega^2 = kr$$
$$r(k - m\omega^2) = 0$$
$$r = 0 \text{ or } \omega = \sqrt{\frac{k}{m}}$$

この ω を**振れ回り速度**（whirling speed）と呼ぶ。これは横振動の固有円振動数である。

つぎに偏心 e のある場合を考える。定常状態を示す図を**図 9.5** に示す。軸中心の変位 r を求めると，同様につり合いの式から

$$m(r+e)\omega^2 = kr$$

9.2 回転体の振動

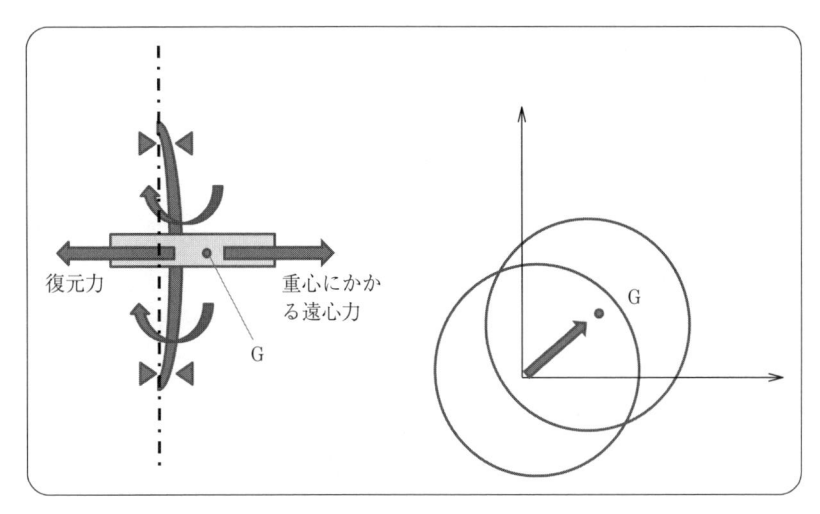

図 9.5 弾性ロータの定常状態（偏心のある場合）

$$r = \frac{me\omega^2}{k - m\omega^2} = \frac{e\omega^2}{\left(\sqrt{\dfrac{k}{m}}\right)^2 - \omega^2}$$

となる．r と ω の関係を描くと，**図 9.6** に示すグラフとなる．

図 9.6 のグラフで，$\omega = \sqrt{k/m}$ のとき，軸中心の変位 r が発散し，大変危険である．この $\sqrt{k/m}$ を**危険速度**（critical speed）と呼ぶ．

危険速度を避けて使うためには，① k を大きくし，グラフの Sub critical 範

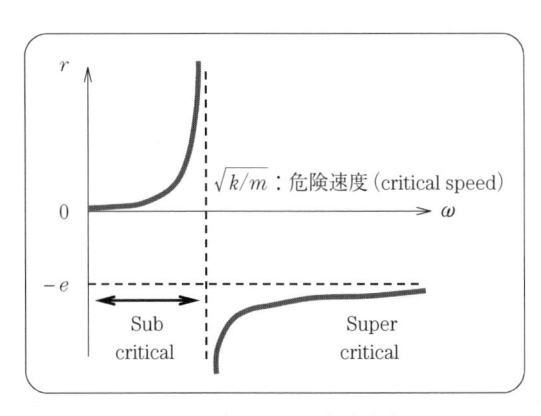

図 9.6 振れ回りの危険速度

囲で使う方法もあるが，軸が太くなり重くなるので好ましくない。②kを小さくして，図中の Super critical 範囲で使う方が得策といえる。

9.3 振動の制御

9.3.1 振動制御の基本

振動体を制御することは，工学上重要問題となる。制御は受動的制御，能動的制御に大別される。

〔1〕 **受動的制御**（passive control）

ばね，ダンパなどを用いて振動体の振動を受動的に低減させる制御をいう。

〔2〕 **能動的制御**（active control）

振動体から振動パラメータ（加速度，速度，変位）を計測して，制御演算により振動の低減目標値（通常0）と計測値との偏差を演算し，PID（比例，積分，微分）ゲインを乗算して制御指令信号をアクチュエータに与え，能動的に低減させる制御をいう。図9.7に基本的なブロック線図を示す。

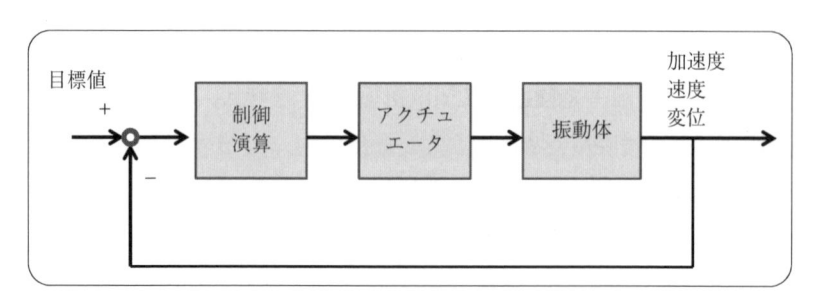

図 9.7　能動的制御

> ## コラム 6

人は何倍の仕事ができるか

「人一倍の働きをしてほしい」とよくいわれるが人は何倍の仕事ができるものだろうか．物理的には1週間は168時間しかないので，通常の人が月曜日から金曜日まで1日8時間働くとすれば168時間を40時間で除して4.2倍が正解となる．その中には寝る時間が入っていないと指摘されるかもしれないが，著者も潜水機の自律航走世界記録を達成させたとき緊張のあまり3日間寝ずにいた体験があるし，航空機の開発では夢の中でも技術課題解決の思考をしていた記憶がある．人はその気になれば何倍もパワーが出せるものなのである．そのような志をもった仲間が何人も集まり，チームを組めば個々の働きは相乗効果を生み出し，全体として100倍，1000倍の仕事を達成できる．

9.3.2 揺れない構造体

地震が起きても揺れない建築物や波を受けても揺れない船を作ることは社会の夢でもあり，現実化されつつある．これは振動制御の技術によってなされる．受動的制御を用いても，揺れにくい構造体は実現できる．

図 9.8（左）は建物の免振や制振に用いられる防振基礎の例である．（力学）モデル化すると図 9.8（右）のように構造物はばね（ばね定数 k）とダンパ（減衰係数 c）によって受動的制御が行われるのがわかる．

図 9.9 は能動的制御により積極的に振動抑制を行うシステムを示す．構造物より振動パラメータ（加速度，速度，変位）を計測し，振動を抑制すべく制御演算機（制御コンピュータ）で制御指令値を演算し，アクチュエータ（モータ，油圧アキュームレータなど）を動かして，構造物を揺れないように制御する．実際にはダンパ，ばねより構成される受動的制御も併用される．

この手法は，構造物の回転防止にも用いられ，今後さまざまな機械で活用で

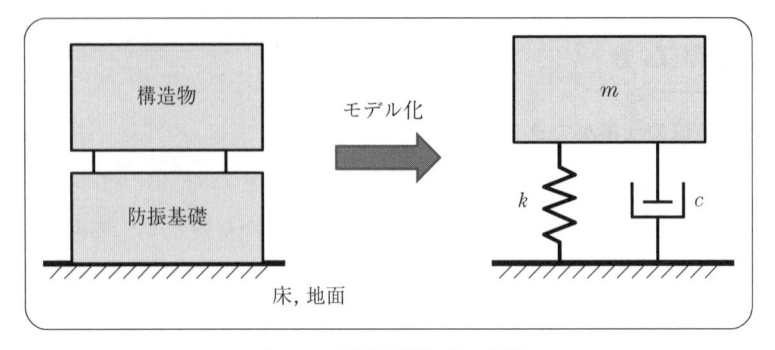

図 9.8　受動的制御による防振

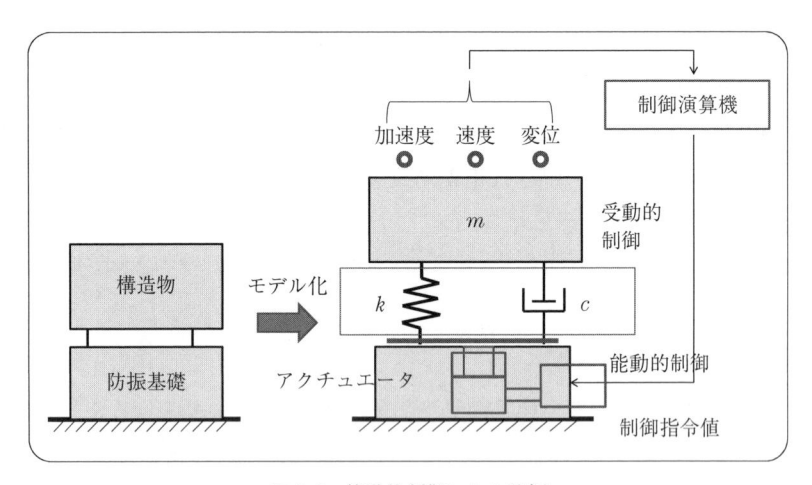

図 9.9　能動的制御による防振

きると期待される。

9.4　連続体の振動

　弦（string）や梁（beam）など連続した構造が振動を起こす場合がある。例えば，バイオリンやチェロはこの振動により音楽を奏でる。また，高架線や鉄道架線も車輌の通過により振動する。この連続体を振動が伝わる場合，波動として伝わるので，波動方程式を解くことで振動問題を考えることができる。

9.4.1 波　　　動

波動の基本となる**弦**の振動を考えてみよう．例えば，**ロープウェイ**（aerial cableway）のように，一定速度で走行する，集中荷重が起こす弦の振動を例にとると，**図 9.10** に示す状況が考えられる．

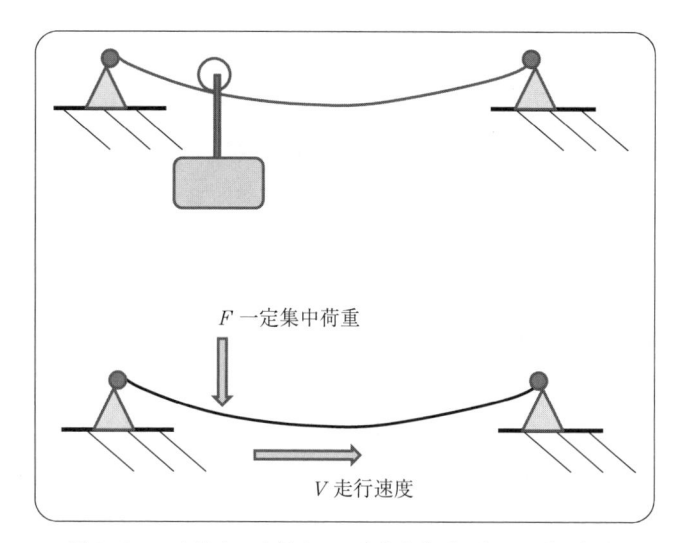

図 9.10　一定速度で走行する一定集中荷重が起こす弦の振動

ここで，F を一定集中荷重，V を走行速度とする．また，ρ を弦の線密度，T を弦の張力，$c=\sqrt{T/\rho}$ を波動伝播速度とすると，力のつり合いから次式が成り立ち，これを波動方程式と呼ぶ．

$$\rho \frac{\partial^2 y}{\partial t^2} - T \frac{\partial^2 y}{\partial x^2} = \rho g + P(x,\ t) \tag{9.4}$$

ここで，ρg は重力，$P(x,\ t)$ は外力である．上記式(9.4)の解は

$$y(x,\ t) = y_g(x) + y_f(x,\ t) + y_p(x,\ t)$$

と線形な要素の和として表される．

ここで，図 9.10 で示した弦の自由振動を考えてみよう．両端固定を仮定したとき，解の一つとして

$$\sin\frac{n\pi}{l}x \quad n=1, 2, 3\cdots$$

が存在する．さらに，初期条件を与えれば

$$y(x, t) = \sum_{n=1}^{\infty} C_n \sin\left(\frac{n\pi c}{l}t - \psi_n\right) \sin\frac{n\pi}{l}x$$

ただし，C_n，ψ_n は初期条件を与えれば決まる．

$$\omega_n = \frac{n\pi c}{l}$$

が，**固有振動数**（natural frequency）である．ロープを伝って移動する車両が，この固有振動数と一致するタイミングで次々にやってきたりしないよう，設計，運行する必要がある．

9.4.2 鉄道架線の振動

東海道新幹線の開発において，**架線**（catenary）の振動をどう抑制するかが大きな課題であった．架線は，**図 9.11** に示すように，吊るされた梁の構造を持ち，集電する**パンタグラフ**（pantograph）が接触しながら通過することで，上下の振動を起こす．振幅が大きくなると，パンタグラフが架線から離れる**離線**（pantograph bounce）が起き，集電が途切れる問題，離線時の放電に

図 9.11 架　線

よりパンタグラフや架線が損傷する問題，騒音，電波障害が引き起こされる。さらには架線が切れ重大事故につながる恐れがある。在来線の2倍以上の速度，200 km/h以上の高速走行をする新幹線では，より影響が大きい。

架線と走行するパンタグラフは，図 9.12 に示す力学モデルとなる。前節の弦のモデルで，下から押し上げる力が一定速で弦に沿って移動する形となる。したがって同様の振動問題である。

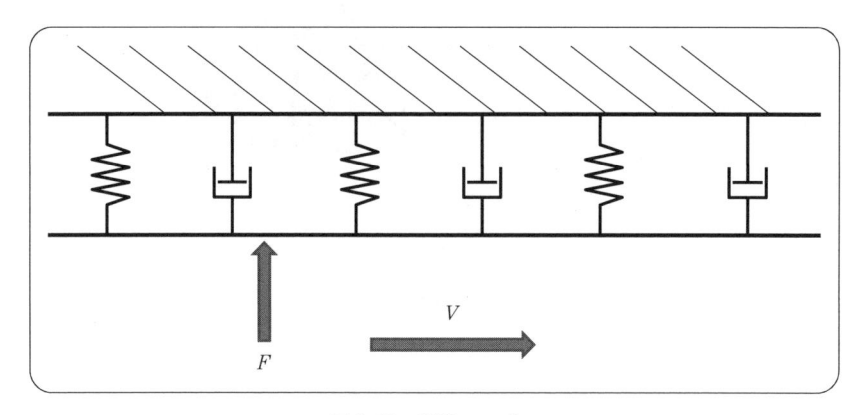

図 9.12 架線のモデル

フランスの TGV は，車両間に高電圧電源を供給する，引き通し線を用いることで，1 列車 1 パンタグラフとし，この振動，離線問題を回避した。16 両編成中，8 本のパンタグラフを上げていた日本の新幹線 0 系とは大きく異なる対照的な解決方法であった。のちに日本の新幹線も同様にパンタグラフを減らす工夫を行うようになった。

9.4.3 高架軌道（リニアモーターカー）の振動

2027 年に，リニア新幹線の東京-名古屋間が開業する計画が JR 東海より発表されている（2013 年 9 月 18 日新聞発表）。リニア高速鉄道を含め，図 9.13 の写真に示すような高架線上を走行する車両が高架線に及ぼす力による，高架線の振動も，交通システムにとって解決すべき振動問題である。

力学モデルを図 9.14 に示す。この力学モデルの中の梁 1 本について考える

110   9. 機械振動問題

図 9.13 高　架　線

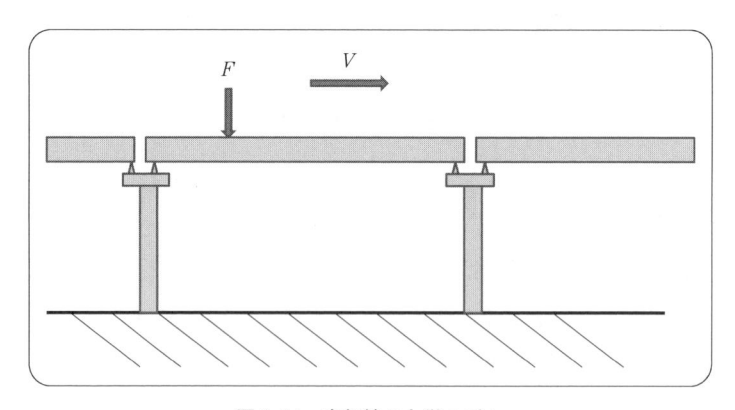

図 9.14 高架線の力学モデル

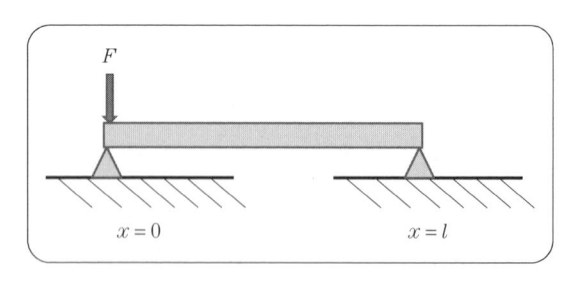

図 9.15 梁1本のモデル

(図 **9.15**)。

梁の振動方程式は，つぎのように表される。

$$EI\frac{\partial^4 y}{\partial x^4} + \rho \frac{\partial^2 y}{\partial t^2} = F\delta(x - Vt) \tag{9.5}$$

$$0 \leq t \leq \frac{l}{V}$$

ここで EI は**曲げ剛性**（bending stiffness），ρ は線密度，l は梁 1 本の長さ，V は梁上を移動する車両の速度である。

境界条件は，各支点 $(x=0,\ x=l)$ において，変位が 0 となるので，

$y(x,\ t) = 0$

また，各支点 $(x=0,\ x=l)$ では，外力モーメントも 0 となるので

$\dfrac{\partial^2 y}{\partial x^2} = 0$

が得られる。

振動モードは，**図 9.16** に示すように，場所 x に応じた振動変位 $\sin(\pi k/l)x$ 中の k の値に応じて存在する。

フーリエ変換（Fourier transform）を使って解いてみる。上下変位 $y(x,\ t)$

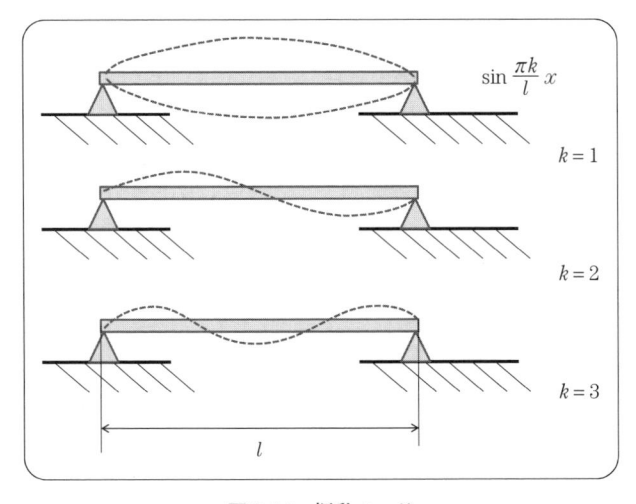

図 9.16 振動モード

9. 機械振動問題

についてのフーリエ変換は

$$F[y(x, t)] = Y(k, t), \quad k=1, 2, \cdots n$$

ただし，フーリエ変換は

$$Y(k, t) = \int_0^l y(x, t) \sin \frac{k\pi}{l} x \, dx$$

フーリエ逆変換は

$$y(x, t) = \frac{2}{l} \sum_{k=1}^{\infty} Y(k, t) \sin \frac{k\pi}{l} x$$

フーリエ変換において微分は，境界条件＝0の場合

$$F\left[\frac{\partial^N}{\partial x^N} y(x, t)\right] = \left(\frac{k\pi}{l}\right)^N Y(k, t)$$

$$F[\delta(x-Vt)] = \sin \frac{k\pi}{l} Vt$$

式(9.5)をフーリエ変換すると

$$EI\left(\frac{k\pi}{l}\right)^4 Y(k, t) + \rho \frac{\partial^2 Y(k, t)}{\partial t^2} = F \sin \frac{k\pi}{l} Vt \tag{9.6}$$

$0 \leq t \leq l/V$ の範囲で考えるとき

ラプラス変換 (Laplace transform) は

$$\mathcal{L}[Y(k, t)] = Y(k, s)$$

であり，式(9.6)をラプラス変換すると

$$\rho s^2 Y(k, s) + EI\left(\frac{k\pi}{l}\right)^4 Y(k, s) = F \frac{\frac{k\pi V}{l}}{s^2 + \left(\frac{k\pi}{l} V\right)^2}$$

$$Y(k, s) = \frac{\frac{F}{\rho}}{s^2 + \frac{EI}{\rho}\left(\frac{k\pi}{l}\right)^4} \cdot \frac{\frac{k\pi V}{l}}{s^2 + \left(\frac{k\pi}{l} V\right)^2}$$

固有振動数は

$$\omega_k^2 = \frac{EI}{\rho}\left(\frac{k\pi}{l}\right)^4$$

$$\omega_k = \sqrt{\dfrac{EI}{\rho}} \left(\dfrac{k\pi}{l}\right)^2 \qquad (k\,\text{次の振動モード})$$

と求まる。上記で得られた式や結果は，高架線上を走る車両により共振が起こらないよう，走行速度，梁長さなど条件を調整し，設計することに役立てることができる。

付　　　　録

A．機械力学・振動学のための数学

本章では機械力学および機械振動学の理解のために必要な数学の基礎事項についてまとめる。

A.1 微　　　分

$(f(x)g(x))' = f'(x)g(x) + f(x)g'(x)$

$\left(\dfrac{f(x)}{g(x)}\right)' = \dfrac{f'(x)g(x) - f(x)g'(x)}{g(x)^2}$

$(\log f(x))' = \dfrac{f'(x)}{f(x)}$

$F(x) = f(g(x))$ のとき

$F'(x) = f'(g(x))g'(x)$

$\dfrac{dy}{dx} = \dfrac{1}{\left(\dfrac{dx}{dy}\right)}$

$x = x(t),\ y = y(t)$ のとき

$\dfrac{dy}{dx} = \dfrac{\left(\dfrac{dy}{dt}\right)}{\left(\dfrac{dx}{dt}\right)}$

A.2 積　　　分

$\int f(x)g'(x)dx = f(x)g(x) - \int f'(x)g(x)dx$

$$\int \frac{f'(x)}{f(x)} dx = \log |f(x)|$$

$$\int \varPhi'(f(x)) f'(x) dx = \varPhi(f(x))$$

$f(x) = F'(x)$, $F(x) = \int f(x) dx$ とすれば**付表 A.1** のようになる。

付表 A.1　積　分

$f(x)$	$F(x)$
$x^n (n \neq -1)$	$\dfrac{x^{n+1}}{n+1}$
x^{-1}	$\log |x|$
e^{ax}	$\dfrac{e^{ax}}{a}$
a^x	$\dfrac{a^x}{\log a}$
$\sin x$	$-\cos x$
$\cos x$	$\sin x$
$\tan x$	$-\log |\cos x|$
$\cot x$	$\log |\sin x|$
$\log x$	$x \log x - x$

A.3　全微分・偏微分

関数 $\phi(x, y)$ において $y = y_0$ （y は一定）とするとき，x の関数としての微分を x に関する偏微分という。すなわち

$$\frac{d}{dx}\phi(x, y_0) = \left(\frac{\partial \phi}{\partial x}\right)_y = \phi_x$$

関数 $\phi(x, y)$ において x と y を同時に変化させたときの ϕ の変化 $d\phi$ を全微分という。すなわち

$$d\phi(x, y) = \left(\frac{\partial \phi}{\partial x}\right)_y dx + \left(\frac{\partial \phi}{\partial y}\right)_x dy = \phi_x dx + \phi_y dy$$

A.4　ベクトルとスカラー

力は力の大きさだけではなく，どの方向に力が働いているかが重要である。F_1, F_2 という二つの力が働き，併せた力が F となるとき，$F = F_1 + F_2$ と表

記し，F_1, F_2, F のような量を**ベクトル**（vector）という。

力学では，力，変位，速度，加速度などはいずれも方向と大きさを持ち，ベクトルで表記する。一方，長さや面積などのように，大きさだけで方向を持っていない量は**スカラー**（scalar）と呼ばれる。

ベクトルは xy 平面上の座標で $F=(F_x, F_y, F_z)$ のように表示される。これを成分表示という。

A.5　ベクトルの和・差

二つのベクトル F_1, F_2 の和 F は，**付図 A.1** に示すように F_1, F_2 を隣り合う 2 辺とする平行四辺形の対角線で表される。また，ベクトルの差（**付図 A.2**）の表記は $F_1=F-F_2=F+(-F_2)$ となり，$-F_2$ は，F_2 と大きさ・方向が同じで，向きが反対となる。

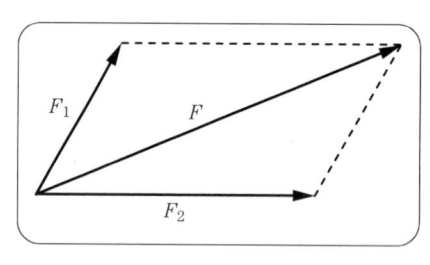

付図 A.1　ベクトルの和

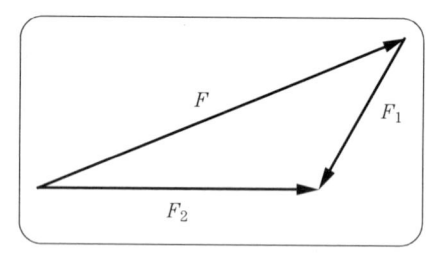

付図 A.2　ベクトルの差

〔1〕　ベクトル総和の表記

$\sum_{i=1}^{n} F_i = F_1+F_2+\cdots F_n$ であるが，$\sum_{i=1}^{n} F_i$ を略して $\sum_{i} F_i$, $\sum F_i$ とも表記する。

〔2〕　ベクトル和の成分

二つのベクトル A, B のベクトル和 $C=A+B$ を考え，例えば x 成分を考慮すると $x_C=x_A+x_B$ が成り立つ（**付図 A.3**）。これは y, z 成分も同様に導かれる。

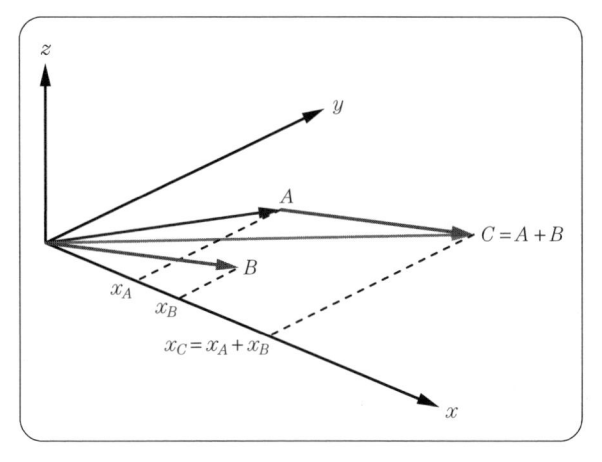

付図 A.3　ベクトル和の成分

A.6　ベクトルの積（内積・外積）

ベクトルの積には内積（スカラー積）と外積（ベクトル積）の 2 種類がある。

〔1〕内　　積

二つのベクトル A，B を成分で表し

$$A=(A_x,\ A_y,\ A_z),\ B=(B_x,\ B_y,\ B_z)$$

とする。このとき

$$A\cdot B=A_xB_x+A_yB_y+A_zB_z$$

で定義される $A\cdot B$ を A と B のスカラー積または内積という。A と B とを含む面を xy 面に選び，特に A が x 軸を向くようにする。また，A と B のなす角を θ とおく。このような座標系では

$$A=(|A|,\ 0,\ 0),\ B=(|B|\cos\theta,\ |B|\sin\theta,\ 0)$$

と記述できる。ただし，$|A|$ と $|B|$ はそれぞれ A と B の大きさである。上の関係を内積の式に代入すると，つぎのように表現できる。

$$A\cdot B=|A||B|\cos\theta$$

すなわち，内積は二つのベクトルの大きさの積に両者のなす角の cos を乗じたものに等しい。特に A と B とが直交しているときには $\theta=\pi/2$ が成り立ち

$\cos\theta=0$ であるから $A \cdot B=0$ となる。

〔2〕 外 積

二つのベクトル A と B があるとき

$$C = A \times B$$

という記号を導入し，C の x, y, z 成分は

$$C_x = A_y B_z - A_z B_y, \quad C_y = A_z B_x - A_x B_z, \quad C_z = A_x B_y - A_y B_x$$

で与えられるとする。C を A と B の外積という。上式よりつぎの関係が成り立つ。

$$B \times A = -A \times B$$

特に $B=A$ とおけば，つぎのようになる。

$$A \times A = 0$$

A と B を含む平面を xy 面に選びベクトル A が x 軸を向くようにする。また，A と B のなす角を θ とおく。このような座標系をとると

$$A = (|A|, 0, 0), \quad B = (|B|\cos\theta, |B|\sin\theta, 0)$$

と書ける。したがって

$$C_x = 0, \quad C_y = 0, \quad C_z = A_x B_y = |A||B|\sin\theta$$

となり，ベクトル C は z 方向，すなわち A と B の両方に垂直な方向を持つ。また，その大きさは $AB\sin\theta$ に等しい。

A.7 ベクトルの微分

ベクトル A が時間の関数のとき，ある時刻 t におけるその時間微分を

$$\dot{A} = \frac{dA}{dt} = \lim_{\Delta t \to 0} \frac{\Delta A}{\Delta t} = \lim_{\Delta t \to 0} \frac{A(t+\Delta t) - A(t)}{\Delta t}$$

で定義する。$\dot{A}$ は一つのベクトルであるが，その x 成分を $(\dot{A})_x$ と書けば

$$(\dot{A})_x = \lim_{\Delta t \to 0} \frac{A_x(t+\Delta t) - A_x(t)}{\Delta t} = \dot{A}_x$$

が得られる。y, z 成分でも同様で

A. 機械力学・振動学のための数学

$$\dot{A}=(\dot{A}_x,\ \dot{A}_y,\ \dot{A}_z)$$

となる。すなわち，ベクトルの時間積分の各成分はベクトルの各成分を時間微分したものに等しい。

微分の数学的表現は，一般にライプニッツの記号とニュートンの記号によるものが用いられる。ライプニッツの記号表現では

$$v=\lim_{\Delta t \to 0}\left(\frac{\Delta x}{\Delta t}\right)=\frac{dx}{dt}$$

と記述する。ニュートンの記号によれば

$$v=\dot{x}$$

と記述する。

A.8 ベクトルの積分

スカラー量 ϕ，ベクトル量 A とベクトル微分演算子ナブラ ∇ に対し

$$\nabla=i\frac{\partial}{\partial x}+j\frac{\partial}{\partial y}+k\frac{\partial}{\partial z}$$

を用いると次式が得られる。

勾配：$\nabla\phi\equiv\mathrm{grad}\ \phi=i\dfrac{\partial\phi}{\partial x}+j\dfrac{\partial\phi}{\partial y}+k\dfrac{\partial\phi}{\partial z}$

発散：$\nabla\cdot A\equiv\mathrm{div}\ A=\dfrac{\partial A_x}{\partial x}+\dfrac{\partial A_y}{\partial y}+\dfrac{\partial A_z}{\partial z}$

回転：$\nabla\times A\equiv\mathrm{rot}\ A=i\left(\dfrac{\partial A_z}{\partial y}-\dfrac{\partial A_y}{\partial z}\right)+j\left(\dfrac{\partial A_x}{\partial z}-\dfrac{\partial A_z}{\partial x}\right)+k\left(\dfrac{\partial A_y}{\partial x}-\dfrac{\partial A_x}{\partial y}\right)$

∇ に関する2階微分として次式が得られる。

$\nabla\cdot(\nabla\phi)=\nabla^2\phi \qquad \nabla\times(\nabla\phi)=0$

$\nabla\cdot(\nabla\times A)=0 \qquad \nabla\times(\nabla\times A)=\nabla(\nabla\cdot A)-\nabla^2 A$

ここで，$\nabla^2\equiv\Delta=\dfrac{\partial^2}{\partial x^2}+\dfrac{\partial^2}{\partial y^2}+\dfrac{\partial^2}{\partial z^2}$ はラプラシアンと呼ばれる。

A.9 三角関数

$\tan\theta = \dfrac{\sin\theta}{\cos\theta}$

$\sin^2\theta + \cos^2\theta = 1$

$\sin(-\theta) = -\sin\theta$

$\cos(-\theta) = \cos\theta$

$\sin(\theta\pm\varphi) = \sin\theta\cos\varphi \pm \cos\theta\sin\varphi$

$\cos(\theta\pm\varphi) = \cos\theta\cos\varphi \mp \sin\theta\sin\varphi$

$\sin 2\theta = 2\sin\theta\cos\theta$

A.10 近似公式

〔1〕二項定理

n を任意の実数とすると，$-1 < x < 1$ の範囲の x について

$$(1+x)^n = 1 + nx + \frac{n(n-1)}{2\times 1}x^2 + \frac{n(n-1)(n-2)}{3\times 2\times 1}x^3 + \cdots$$

特に，x が十分に小さければ，$(1+x)^n \fallingdotseq 1 + nx$

〔2〕微小角 θ の三角関数の近似公式

θ が小さいとき，$\sin\theta \fallingdotseq \theta$，$\cos\theta \fallingdotseq 1$，$\tan\theta \fallingdotseq \theta$

このときの誤差は，θ が 10°以下のとき 1％以内，θ が 4°以下のとき 0.1％以内となる。

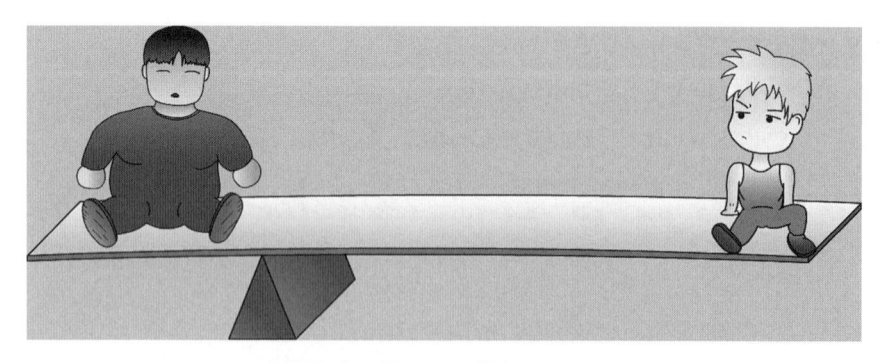

近似公式が適用できる微小な量がある

◇演 習 問 題◇

近似式に基づき，x が十分に小さいとき，下記の近似式を示せ。
（1）$(1+x)^2$
（2）$\dfrac{1}{1+x}$
（3）$\sqrt{1+x}$

B．機械力学・振動学で使う数学の基礎　Math check

　問題形式にしたので，基本が身についているかチェックしてみよう。英語の問いも用意した。英語だとどのような表現になるかの参考とするとともに，ぜひチャレンジして欲しい。

幾何問題（geometry quiz）
（1）平面上で一つの点を表すのに，何個の数値が必要か。
　How many numerical values do you need to indicate one point in a plane ?
（2）平面上で一つの線分を表すのに，何個の数値が必要か。
　How many numerical values do you need to indicate one segment of a line in a plane ?

数学一般問題（general quiz of mathematics）
（3）$\pi/6$ rad は何度か。
　How many degree is $\pi/6$ rad ?
（4）$\sin\theta=0.3$ であった。$\cos\theta$ の値はいくらか。
　Obtain $\cos\theta$ when $\sin\theta=0.3$.
（5）$e^a \times e^b = $?
（6）$(e^a)^b = $?

指数関数 (exponentioal function) (j is the imaginary unit$=i$)

(7) Obtain y when $e^{ay}=x$.

(8) Obtain y when $\log_e x = \log_{10} y$.

(9) $e^{j\pi} = ?$

(10) Obtain a, when $e^{ja} = \sqrt{3}+j$.

(11) sin (ax) is expressed as $(e^{jax}-e^{-jax})/2j$. Express cos (ax) in a similar way.

微分 (differentiation) (d means differentiation in this part)

(12) Obtain dy, when $y=f(x)$. Express the differentiation of $f(x)$ as $f'(x)$.

(13) dx^n/dx

(14) $d\sin(ax)/dx$

(15) $d\cos(ax)/dx$

(16) $d\{e^{ax}\cos(bx)\}/dx$

(17) Obtain d^2y/dx^2, when $y=y_0(x)+a\,e^{j(\theta(x)+b)}$.

微分方程式 (differential equation)

(18) Obtain y, when $dy/dx = \sin(ax)$.

(19) Obtain y, when $d^2y/dx^2 = 0$.

(20) Obtain y, when $dy/dx = y$.

C. 機械力学・振動学で用いる単位

本章では機械力学・振動学で用いる単位について述べる。

C.1 SI 単 位 系

一般に機械力学で用いられる単位はSI単位系である。しかしながら，世の中の機械工場現場ではかなり昔に製造された機械が多くあり，旧来からのさまざまな単位が用いられている。本書では，まず，力学で一般的に使用されてい

C. 機械力学・振動学で用いる単位　　123

るSI単位系について述べ，つぎに機械力学と機械振動学で知っていて欲しい単位について記述したい。

工学では，かつて，さまざまな単位系が混在していたが，1960年よりSI単位系の使用が国際的に推奨されている。SI単位は基本単位，補助単位，および組立単位から構成される。

C.2 基本単位

つぎの七つがSI単位の基本単位である。

m（メートル：長さ）

kg（キログラム：質量）

s（セカンド：時間）

A（アンペア：電流）

K（ケルビン：熱力学温度）

mol（モル：物質量）

cd（カンデラ：光度）

〔1〕 基本単位の説明

長さ：メートル（単位記号：〔m〕）

　1秒の299 792 458分の1の時間に光が真空中を伝わる長さ。

質量：キログラム（単位記号：〔kg〕）

　国際キログラム原器の質量。

時間：秒（単位記号：〔s〕）

　セシウム133の原子の基底状態の二つの超微細構造単位の間の遷移に対する放射の周期の9 192 631 770倍の周期の継続時間。

電流：アンペア（単位記号：〔A〕）

　真空中に1mの間隔で平行に置かれた無限に小さい円形断面を有する無限に長い2本の直線状導体のそれぞれを流れ，これらの導体の長さ1メートルごとに2×10^{-7}ニュートンの力を及ぼしあう一定の電流。

熱力学温度：ケルビン（単位記号：〔K〕）

水の3重点の熱力学温度の1/273.16。「絶対零度」は0ケルビン（−273.15°C）。

物質量：モル（単位記号：〔mol〕）

質量数12の炭素12g中に含まれる炭素原子と等しい数（アボガドロ数＝$6.022×10^{23}$）の要素粒子（原子・分子・イオン等）を含む系の物質量。

光度：カンデラ（単位記号：〔cd〕）

周波数540テラHzの単色放射を放出し，所定の方向での放射の強さが1/683ワット毎ステラジアンである放射体（光源）のその方向での光度。
SIはkg（質量）を基本単位とするが，工学ではkg重（あるいはキログラムフォース：kgf），すなわち，単位質量の物体に作用する重力を基本単位系（工学単位系）として使用する場合がある。特に工場現場で多い。

〔2〕 単位系

速さの単位は〔m/s〕であり，これは，長さと時間の二つの単位から定められた単位である。このように，いろいろな物理量の単位には基準となる単位（基本単位）と基本単位から組み立てられる単位（組立単位）とがあり，これら全体を単位系という。

そして，基本単位の「長さ，質量，時間」の三つにおいて，「m，kg，s」を用いたものをMKS単位系，「cm，g，s」を用いたものをCGS単位系という。「長さ，質量，時間」を用いた単位は場所による物理量の値が変わらないために絶対単位系といわれる。また，場所により値が変わる「重さ」を入れた「長さ，重さ，時間」を基本単位としてとった単位系を重力単位系という。角度の単位であるラジアン〔rad〕は，基本単位のとり方に関係なく定められ，補助単位と呼ばれる。近年のSI単位系では補助単位はないが，工業界ではまだ用語として使われている。

機械力学で最もよく使われる力の単位はニュートン〔N〕である。質量1kgの物体に作用させる時に，$1 m/s^2$の加速度を生じる力を1Nとする。また，1gの物体に作用させるときに$1 cm/s^2$の加速度を生じる力を1ダイン〔dyn〕

とする。1 N＝10^5dyn である。また，機械力学では作業量の大きさを「力×距離」の値によって比べ，これを仕事と呼んでいる。MKS 単位系では 1 N の力を作用させてその向きに 1 m 動かす場合の仕事を 1 ジュール〔J〕とする。すなわち，1 J＝1 N・m である。CGS 単位系では 1 dyn の力でその向きに 1 cm 動かす場合の仕事を 1 エルグ〔erg〕とする。1 J＝10^7erg である。さらに，仕事の能率のよしあしを表すのに，1 秒間当りの仕事の量を使い，これを仕事率という。1 秒間に 1 J の仕事をする割合，つまり 1 J/s を 1 ワット〔W〕とする。

仕事に関する諸単位との関係は下記のとおりまとめることができる。

　　1 W＝1 J/s

　　1 HP（horse power：英馬力）＝746 W

　　1 PS（pferdestärke の略：仏馬力）＝735.5 W＝0.735 5 kW

　　　　　　　　　　　　　　　　　　＝75 kg 重 m/s

kg 重（kgf，kgw とも記述される）は重力単位系と呼ばれ，工場では，現在でも使われているが，一般に大学の機械力学では用いられていない。1 kg 重＝9.81 N である。

　　1 kcal＝4.186 8 kJ（国際蒸気表カロリー）

車のエンジンなど機械装置では馬力の単位を使い馴れているので以下に〔W〕との関係をまとめる

SI単位系の基本単位：

m, kg, s, A, K, mol, cd

1 馬力は約750 W

1 kW＝1.34 HP（英馬力）

1 kW＝1.36 PS（仏馬力）

1 馬力＝745.699 872 W

馬力の単位記号は，ドイツ語の pferdestärke（馬の力）の頭文字の，PS または ps を略語として用いることがある。一般に 1 馬力は 750 W として換算すると昔に製造した機械のおよその仕事率を把握できる。

〔3〕 補助単位

補助単位は工業界ではまだ使われているので，参考のため以下に示す。

rad（ラジアン：平面角），sr（スララジアン；立体角）

角度の単位ラジアン〔rad〕は（円弧の長さ）÷（半径）で，（長さ）÷（長さ）であるため，基本単位（長さ L，質量 M，時間 T），のいずれも含まない。このような量を無次元量という。

〔4〕 組立単位

基本単位と補助単位から組み立てられた単位である。大きく，基本単位を用いて表されるものと，独自の記号で表されるものとがある。代表例を**付表 C.1**に示す。

付表 C.1

面積	平方メートル	〔m^2〕
体積	立方メートル	〔m^3〕
速度	メートル毎秒	〔m/s〕
加速度	メートル毎秒毎秒	〔m/s^2〕
波数	毎メートル	〔m^{-1}〕
密度（質量密度）	キログラム毎立方メートル	〔kg/m^3〕
質量体積（比体積）	立方メートル毎キログラム	〔m^3/kg〕

独自の記号で表す SI 組立単位の代表例を**付表 C.2** に示す。

付表 C.2

平面角	ラジアン	〔rad〕…m·m^{-1}=1
周波数	ヘルツ	〔Hz〕…s^{-1}
力	ニュートン	〔N〕…m·kg·s^{-2}
圧力・応力	パスカル	〔Pa〕…N/m^2…m^{-1}·kg·s^{-2}
エネルギー・熱量	ジュール	〔J〕…N·m…m^2·kg·s^{-2}
仕事率・工率	ワット	〔W〕…J/s…m^2·kg·s^{-3}
力のモーメント	ニュートンメートル	〔N·m〕…m^2·kg·s^2
角速度	ラジアン毎秒	〔rad/s〕…m·m^{-1}·s^{-1}=s^{-1}
角加速度	ラジアン毎秒毎秒	〔rad/s^2〕…m·m^{-1}·s^{-2}=s^{-2}

SI 単位の時間は秒〔s〕である．しかし，1 時間を 3.6 ks などと表現するのは日常では不便であるので，分・時・日などの一般的に日時を表現する単位は SI と併用して利用できる．角度の度・分・秒や，体積のリットル，質量のトンも同様である．**付表 C.3** にまとめる．

付表 C.3

分	〔min〕	1 min=60 s
時	〔h〕	1 h=60 min=3 600 s
日	〔d〕	1 d=24 h=86 400 s
度	〔°〕	π/180 rad
分	〔′〕	1/60°=(π/10 800) rad
秒	〔″〕	1/60′=(π/648 000) rad
リットル	〔l〕または〔L〕	1 l=1 dm^3=10^{-3} m^3
トン	〔t〕	1 t=10^3 kg
統一原子質量単位	〔u〕	1 u=1.660 540 2×10^{-27} kg
天文単位	〔ua〕または〔AU〕	1 ua=1.495 978 706 91×10^{11} m

つぎに，将来的に使用停止が望ましいとされている（非推奨）非 SI 単位であるが，SI 単位との対応関係を示した場合にのみ暫定的に併用が認められる非 SI 単位を**付表 C.4** に示す．

付表 C.4

海里	〔mile〕	1 海里＝1 852 m
ノット	〔knot〕	1 ノット＝1 海里毎時＝（1 852/3 600）m/s
時速	〔km/h〕	1 km/h＝（1 000/3 600）m/s
アール	〔a〕	1 a＝1 dam²＝10²m²
ヘクタール	〔ha〕	1 ha＝1 hm²＝10⁴m²
バール	〔bar〕	1 bar＝0.1 MPa＝100 kPa＝1 000 hPa＝10⁵ Pa
オングストローム	〔Å〕	1 Å＝0.1 nm＝10⁻¹⁰ m
エルグ	〔erg〕	1 erg＝10⁻⁷ J
ダイン	〔dyn〕	1 dyn＝10⁻⁵ N
標準大気圧	〔atm〕	1 atm＝101 325 Pa
カロリー	〔cal〕	1 cal＝4.185 5 J
ミクロン	〔μ〕	1 μ＝1 μm＝10⁻⁶ m

SI 接頭語

各単位に対し小さな値や大きな値のときには**付表 C.5** のように 10 の乗数で接頭語を使用する。

付表 C.5

乗数	−9	−6	−3	0	3	6	9
読み	ナノ	マイクロ	ミリ	—	キロ	メガ	ギガ
綴り	nano	micro	milli	—	kilo	mega	giga
記号	〔n〕	〔μ〕	〔m〕	—	〔k〕	〔M〕	〔G〕

付表 C.5 を数値で書き下すと**付表 C.6**のようになる。

付表 C.6

エクサ exa	〔E〕	10^{18}	1 000 000 000 000 000 000
ペタ peta	〔P〕	10^{15}	1 000 000 000 000 000
テラ tera	〔T〕	10^{12}	1 000 000 000 000
ギガ giga	〔G〕	10^{9}	1 000 000 000
メガ mega	〔M〕	10^{6}	1 000 000
キロ kilo	〔k〕	10^{3}	1 000
ヘクト hecto	〔h〕	10^{2}	100
デカ deca	〔da〕	10^{1}	10
デシ deci	〔d〕	10^{-1}	0.1
センチ centi	〔c〕	10^{-2}	0.01
ミリ milli	〔m〕	10^{-3}	0.001
マイクロ micro	〔μ〕	10^{-6}	0.000 001
ナノ nano	〔n〕	10^{-9}	0.000 000 001
ピコ pico	〔p〕	10^{-12}	0.000 000 000 001
フェムト femto	〔f〕	10^{-15}	0.000 000 000 000 001
アト ato	〔a〕	10^{-18}	0.000 000 000 000 000 001

〔5〕 単位のディメンション

組立単位と基本単位の関連に注意を払うことで，その量を理解でき，検算などが可能となる。例えば，速さの単位〔m/s〕は長さの単位〔m〕を時間〔s〕で除している。すなわち，「速さ」は「長さ」について1次のディメンション（次元）を持ち，「時間」について−1次のディメンションをもつということである。長さ，質量，時間をそれぞれ L，M，T で表わすと，速さ v は〔v〕=〔LT^{-1}〕となる（これを次元式という）。

一般に，物理量 D は基本単位を組み合わせた式 $L^a \times M^b \times T^c$ で表わされ，D は長さについて a 次，質量について b 次，時間について c 次のディメンションを持つといい，単位であることを示すカッコを付けて〔D〕=〔$L^a \times M^b \times T^c$〕という次元式で表記する。

物理式の左辺と右辺のディメンションは必ず等しくなければならない。これを利用すると，既知のディメンションから未知ディメンションを逆算することができる。

〔6〕 **ギリシャ語のアルファベット**

学術論文や数式の中でギリシャ語のアルファベットを変数名として使うことが多い。本書でも，例えば図 6.13 車両運動の方向と種類 の中などで使っている。読者の便宜のために**付表 C.7** にギリシャ語のアルファベットについてその文字名と大文字，小文字を一覧表にして示す。

付表 C.7 ギリシャ語のアルファベット

文字名	大文字	小文字	文字名	大文字	小文字
アルファ	A	α	ニュー	N	ν
ベータ	B	β	グザイ	Ξ	ξ
ガンマ	Γ	γ	オミクロン	O	o
デルタ	Δ	δ	パイ	Π	π
イプシロン	E	ε	ロー	P	ρ
ゼータ	Z	ζ	シグマ	Σ	σ
エータ	H	η	タウ	T	τ
シータ	Θ	θ	ウプシロン	Υ	υ
イオタ	I	ι	ファイ	Φ	ϕ
カッパ	K	κ	カイ	X	χ
ラムダ	Λ	λ	プサイ	Ψ	ψ
ミュー	M	μ	オメガ	Ω	ω

参　考　文　献

1) 山本郁夫：魚型ロボットの研究開発，日本マリンエンジニアリング学会誌 Ser. 469 Vol.43 No.4，pp.99-102（2008）
2) 山本郁夫：環境・ロボット工学のための力学入門，BRATECH（2010）
3) 山本郁夫，水井雅彦：基礎から実践まで理解できるロボット・メカトロニクス，共立出版（2012）
4) 山本郁夫，滝本　隆：工科系のためのシステム工学，共立出版（2013）
5) Ikuo Yamamoto：Marin Control Systems, International Jounal of Robust and Nonlinear Control, Vol. 11, No. 13, John Wiley & Sons（2001）
6) Ikuo Yamamoto：Research and Development of Past, Present, and Future AUV Technologies, Masterclass in AUV Technology for Polar Science, the British library, pp. 17-26（2008）
7) Ikuo Yamamoto：Development of robotic fish for the next generation unmanned marine vehicle, Further Advances in Unmanned Marine Vehicles, Chapter 16, IET CONTROL ENGINEERING SERIES, pp. 359-372（2012）
8) 伊藤高廣，藤岡健彦，井口雅一，久山研一，木曽又一郎：鉄車輪における空転前駆時の振動発生機構，日本機械学会論文集（C編）52巻477号，pp.1550-1556（1986）
9) 伊藤高廣，藤岡健彦，井口雅一：ディジタルフィルタによる空転前駆現象の検知，日本機械学会論文集（C編）52巻476号，pp.1344-1350（1986）
10) T. Ito, T. Fujioka, and M. Iguchi：The digital filter for optimum adhesion control of rolling stocks, Bulletin of JSME, Vol. 29, No. 258, pp. 4370-4374（1986）
11) 浮田宏生：ここまできた光技術，pp.114-132，講談社（1995）
12) 林　輝，伊藤高廣：運動とメカニズム，コロナ社（2009）
13) 鉄道ファン，Vol.45, No.532, p.88，交友社（2005）
14) 林　輝：講義教材（1999）
15) 伊藤高廣：横浜新都市交通システム根軌跡法による検討報告書（1983）

演習問題解答

3 章

〔3.1〕

(1) $m\ddot{x}=0,\ m\ddot{z}=-mg$, これより $\dot{x}=v_0\cos\theta,\ \dot{z}=v_0\sin\theta-gt$, $x=v_0 t\cos\theta,\ z=v_0 t\sin\theta-1/2gt^2$ であるから
$$z=x\tan\theta-\frac{g}{2v_0^2\cos^2\theta}x^2$$
となり質点の運動は放物線となる。

(2) $z_0=\dfrac{v_0^2\sin^2\theta}{2g}$

(3) $d=\dfrac{v_0^2}{g}$

〔3.2〕 $\dfrac{mv}{t}$

〔3.3〕 $\dfrac{(FT)^2}{2gM^2}$

〔3.4〕 $\sqrt{gR}$

〔3.5〕

(1) $m\ddot{x}=0,\ m\ddot{y}=-mg$

(2) $h=\dfrac{v_0^2}{2g}\sin^2\alpha,\ t=\dfrac{v_0\sin\alpha}{g},\ s=\dfrac{v_0^2\sin 2\alpha}{g}$

(3) 目標点を l とすると
$$l-a=\frac{v_0^2\sin 2\alpha}{g},\quad l+b=\frac{v_0^2\sin 2\beta}{g}$$
$$a+b=\frac{v_0^2\sin 2\beta}{g}-\frac{v_0^2\sin 2\alpha}{g}$$

4 章

〔4.1〕

火薬を噴き出す前のロケットの運動量は
$$p=Mv$$
火薬は静止系からみると $V-v$ の速さを持ち、向きはロケットの進む向きと逆向き（**解図4.1**）。ロケットの進む向きを正方向にとると、火薬を噴き出した後のロケットの運動量は $(M-m)v'$、火薬の運動量は $-m(V-v)$ で全運動量 $p=(M-m)v'-m(V-v)$、運動量保存則により $Mv=(M-m)v'-m(V-v)$

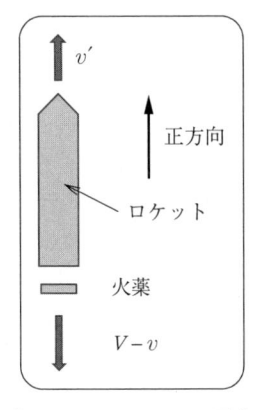

解図 4.1 ロケットの運動

$$\therefore \quad v' = \frac{(M-m)v + mV}{M-m}$$

〔**4.2**〕

質点の xy 座標は $x = A\cos\omega t$, $y = A\sin\omega t$

これから，$\dot{x} = -A\omega\sin\omega t$, $\dot{y} = -A\omega\cos\omega t$ である。

4.1節の平面上の質点の運動より，$L_x = L_y = 0$, $L_z = m(x\dot{y} - y\dot{x}) = mA^2\omega$

5 章

〔**5.1**〕

(1) $E = \dfrac{1}{2}mv^2 + mgz$

(2) $E = \dfrac{1}{2}mv_0^2$, $z_0 = \dfrac{v_0^2}{2g}$

(3) $m\ddot{x} = 0$, $m\ddot{z} = -mg$. $R = \dfrac{v_0^2 \sin^2\theta}{g}$, $R_m = \dfrac{v_0^2}{g}$ （$\theta = 45°$ のとき）

〔**5.2**〕

(1) $\dfrac{mgz}{h' - h}$

(2) $10^5 N$

(3) 高さ　$vt + \dfrac{1}{2}gt^2$

速度　$\sqrt{v^2 + 2gz}$

6 章

[6.1]

接点が滑らないとしたので
$$v_G^2 = a^2 \omega^2$$
運動エネルギー
$$K = \frac{1}{2}Mv_G^2 + \frac{1}{2}I_G\omega^2 = \frac{1}{2}\left(M + \frac{I_G}{a^2}\right)v_G^2$$
円筒は
$$I_G = \frac{1}{2}Ma^2$$
なので
$$K = \frac{3}{4}Mv_G^2$$
で質点の 3/2 倍。球は
$$I_G = \frac{2}{5}Ma^2$$
なので
$$K = \frac{7}{10}Mv_G^2$$
で質点の 7/5 倍。

[6.2]

球の方 $(5/7 g \sin \alpha)$ が，重心の加速度が大きく，円筒のとき $(2/3 g \sin \alpha)$ の 15/14 倍となる。

[6.3]

運動方程式（重心の並進運動，回転運動）は
$$M\frac{d^2 x_G}{dt^2} = Mg \sin \alpha - \mu N = Mg \sin \alpha - \mu Mg \cos \alpha = Mg(\sin \alpha - \mu \cos \alpha)$$
$$I_G \frac{d^2 \theta}{dt^2} = -\mu Mga \cos \alpha$$
重心の加速度は
$$\frac{d^2 x_G}{dt^2} = g(\sin \alpha - \mu \cos \alpha)$$

8 章

[8.1]

単振動は，$x = A\sin(\omega t + \alpha)$ と表せる運動である。($\sin \to \cos$ でも正解)

[8.2]

振動のエネルギーは $0.5 \times 0.2 \times (2\pi \times 5)^2 \times (0.2)^2 = 3.94 \cong 4$ J

[8.3]
$\dot{x} = -\omega A \sin(\omega t - \phi)$
$\ddot{x} = -\omega^2 A \cos(\omega t - \phi) = -\omega^2 x$

[8.4]
変位幅は，$(25\,\mathrm{cm} - 15\,\mathrm{cm})/2 = 5\,\mathrm{cm}$，$\omega = 2\pi(30/60) = 3.14$ なので，速度振幅は $15.7\,\mathrm{cm/s}$，加速度振幅は $-\omega^2 \times$ 変位振幅 $= 49.3\,\mathrm{cm/s^2}$

[8.5]
時間的に変動する外力が作用しない振動を自由振動，周期的な強制外力が作用する振動を強制振動という。

[8.6]
周期 $\quad 2\pi\sqrt{\dfrac{L}{g}}$

振動数 $\quad \dfrac{1}{2\pi}\sqrt{\dfrac{g}{L}}$

振動のエネルギー $\quad \dfrac{mg\theta_0^2}{2L}$

[8.7]
一定外力が静的に作用したときの質点の変位を静たわみというが，振幅を静たわみに対して除した値を振幅倍率と呼ぶ。振幅倍率が1より大きくなると外力による強制振動により静たわみより大きな振動となる。強制力の角振動数が固有円振動数に近づくと振幅倍率は極端に大きくなり，これを共振現象という。

[8.8]
振動系は慣性を表す質量，剛性を表すばね，減衰能を表すダッシュポットにより，質量，ばね，ダッシュポットが振動体のある点に集中しているとして，それらが線形に結合された線形モデル化により力学モデル化を行う。

[8.9]
1自由度系の強制振動は，質点に作用する慣性力，復元力，減衰力，外力を加えた力の動的なつり合いから挙動を説明できる。自由振動との違いは，外力が「有」か「無」かの違いであり，「有」の場合は強制振動，「無」の場合は自由振動である。

[8.10]
質点1の運動方程式
$\quad m_1\ddot{x}_1 + k_1 x_1 + k_2(x_1 - x_2) = 0$
質点2の運動方程式
$\quad m_2\ddot{x}_2 + k_2(x_2 - x_1) = 0$

[8.11]
$A = \dfrac{(k - m\omega^2)F_0}{(k - m\omega^2)^2 + (c\omega)^2}$

$B = \dfrac{c\omega F_0}{(k - m\omega^2)^2 + (c\omega)^2}$

付録 A.

(1) $(1+x)^2 \fallingdotseq 1+2x$

(2) $\dfrac{1}{1+x} \fallingdotseq (1+x)^{-1} \fallingdotseq 1-x$

(3) $\sqrt{1+x} = (1+x)^{\frac{1}{2}} \fallingdotseq 1+\dfrac{x}{2}$

付録 B.

(1) 2個 (x, y)

(2) 4個 $(x_1, y_1), (x_2, y_2)$

(3) $\pi/6$ 〔rad〕

(4) $\sin\theta = 0.3$
$\sin^2\theta + \cos^2\theta = 1$
$0.09 + \cos^2\theta = 1$
$\cos^2\theta = 0.91$
$\cos\theta = \pm\sqrt{0.91} \cong \pm 0.954$

(5) $e^a + e^b = e^{(a+b)}$

(6) $(e^a)^b = e^{ab}$

(7) $e^{ay} = x \Leftrightarrow \log e^{ay} = \log x$
$y \log e^a = \log x$
$y = \dfrac{\log x}{\log e^a} = \dfrac{\log x}{a}$

(8) $\log_e x = \log_{10} y$
$10^{\log_{10} y} = y$
$y = 10^{\log_e x}$

(9) $e^{j\theta} = \cos\theta + j\sin\theta$
$\therefore\ e^{j\pi} = -1$

(10) **解図 B.1** に表すように実部 $\sqrt{3}$, 虚部 1 (j or i) なので, 複素平面 1, 2, $\sqrt{3}$ の長さの辺を持つ直角三角形が描かれる。したがって, 求める θ は長さ $\sqrt{3}$ と 2 の辺がなす角であり

$\theta = \dfrac{\pi}{0}\ (=30°)$

$e^{ja} = \sqrt{3} + j$

$a = \dfrac{\pi}{6}$

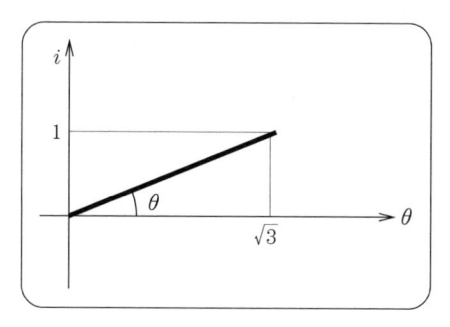

解図 B.1 複素平面で考える

(11) $\cos(ax) = \dfrac{e^{jax} + e^{-jax}}{2}$

(12) $dy = f'(x)dx$

(13) $\dfrac{dx^n}{dx} = nx^{n-1}$

(14) $\dfrac{d\sin(ax)}{dx} = a\cos(ax)$

(15) $\dfrac{d\cos(ax)}{dx} = -a\sin(ax)$

(16) $\dfrac{d\{e^{ax} \cdot \cos(bx)\}}{dx} = ae^{ax} \cdot \cos(bx) + e^{ax}(-b)\sin(bx)$

(17) $\dfrac{dy}{dx} = \dfrac{dy_0(x)}{dy} + a \cdot e^{j\{\theta(x)+b\}} \cdot \dfrac{d\theta(x)}{dx} j$

(18) $\dfrac{dy}{dx} = \sin(ax)$

$y = -\dfrac{1}{a}\cos(ax)$

(19) $\dfrac{d^2y}{dx^2} = 0 \quad y = \dfrac{1}{2}x^2 + ax + b$

(20) $\dfrac{dy}{dx} = y \quad y = Ce^x + a \quad (c \neq 0)$

索　引
（和 → 英）

【あ】
アクチュエータ
　actuator　3
アミューズメントロボット
　amusement robot　4

【い】
位置エネルギー
　potential energy　36
1自由度
　single degree of freedom system　9
位置ベクトル
　position vector　12
一般化座標
　generalized coordinate　65
一般化力
　generalized force　65
医療リハビリテーションロボット
　medical rehabilitation robot　4

【う】
運　動
　motion　12
運動エネルギー
　kinetic energy　37
運動方程式
　equation of motion　64
運動量
　momentum　23
運動量保存則
　law of conservation of momentum　30

【え】
円運動
　circular motion　25

遠心力
　centrifugal force　26

【お】
オイラー角
　Euler angle　59
オイラー変換
　Euler transformation　59
尾ひれ
　tail fin　10

【か】
回転系
　rotational system　9
回転減衰係数
　damping coefficient of gyration　77
回転数
　rotational speed　27
回転ダッシュポット
　dashpot of gyration　76
回転ばね
　spring of gyration　76
回転ばね定数
　spring constant of gyration　76
回転半径
　radius of gyration　58
外　力
　external force　29
角運動量
　angular momentum　24
角運動量保存則
　law of conservation of angular momentum　25
角加速度
　angular acceleration　49
角振動数
　angular frequency　77
角速度
　angular velocity　25, 77

角変位
　angular displacement　25
過減衰
　over damping　91
架　線
　catenary　108
加速度
　acceleration　13, 16
合　体
　combination　32
鉗　子
　forceps　9
慣性偶力
　inertia cauple　76
慣性系
　inertial systems　20
慣性の法則
　law of inertia　17
慣性モーメント
　moment of inertia　49
慣性力
　inertial force　21, 74
完全弾性衝突
　complete elastic collision　32

【き】
機　械
　machine　9
機械振動学
　mechanical vibrations　10
機械の運動
　motion of machine　1
機械の振動
　vibration of machine　2
機械力学
　mechanical dynamics　1, 3
幾何問題
　geometry quiz　121
危険速度
　critical speed　103

索引 (和 → 英)   139

共　振
　　resonance　　84
共振曲線
　　resonance curve　　93
強制振動
　　forced vibration　　82

【け】

撃　力
　　impact force　　24
ケプラーの法則
　　Kepler's law　　22
減衰係数
　　damping coefficient　　76
減衰振動
　　damping vibration　　79
減衰トルク
　　damping torque　　76
減衰能
　　damping capacity　　75
減衰比
　　damping ratio　　90
減衰力
　　damping force　　75
弦
　　string　　106, 107

【こ】

剛性ロータ
　　rigid rotor　　100
剛　体
　　rigid body　　42
剛体振り子
　　rigid body pendulum　　49
抗　力
　　reaction　　14
合　力
　　resultant force　　14
固定軸
　　fixed axis　　48
固有振動数
　　natural frequency
　　　　　　84, 88, 108

【さ】

サイズモ計
　　seismic sensor　　92

最大摩擦力
　　force of maximum
　　friction　　14
魚ロボット
　　robotic fish　　4, 10
サービスロボット
　　service robot　　3
座標系
　　coordinate system　　20
作用点
　　point of application　　17
作用・反作用の法則
　　law of action and
　　reaction　　17
産業用ロボット
　　industrial robot　　4
3次元運動
　　three degree of freedom
　　motion　　20

【し】

ジェフコットロータ
　　Jeffcott rotor　　100
軸　受
　　bearing　　100
仕　事
　　work　　34
仕事率
　　power　　35
指数関数
　　exponentioal function
　　　　　　122
質　点
　　particle　　12
質点系
　　system of particles　　29
質　量
　　mass　　12
周　期
　　period　　27, 77
自由振動
　　free vibration　　78
重　心
　　center of gravity　　31
集中質量系
　　lumped mass system　　73

自由落下
　　free fall　　18
重　力
　　gravity　　14
受動的制御
　　passive control　　104
衝　突
　　collision　　31
初期位相角
　　initial phase angle　　78
ショックアブソーバ
　　shock absorber　　79
自励振動
　　self-excited vibration　　80
振　動
　　vibration, oscillation　　2
振動数
　　frequency　　27, 77
振　幅
　　amplitude　　77, 94
振幅倍率
　　amplitude magnification
　　factor　　94

【す】

垂直抗力
　　vertical reaction　　14
数学一般問題
　　general quiz of
　　mathematics　　121
スカラー
　　scalar　　116

【せ】

制御装置
　　control device　　3
静止摩擦係数
　　static friction coefficient
　　　　　　14
静止摩擦力
　　force of static friction　14
静たわみ
　　static deflection　　94
センサ
　　sensor　　3

索引（和 → 英）

線密度
　density of line　52

相対性理論
　the theory of relativity　1
相当単振り子の長さ
　length of equivalent simple pendulum　51
速度
　velocity　13
束縛運動
　motion of constraint　14
束縛条件
　condition of constraint　14
束縛力
　force of constraint　14

【た】

第1法則
　the first law of motion　17
第3法則
　the third law of motion　17
第2法則
　the second law of motion　17
楕円軌道
　elliptical orbit　23
蛇行動
　hunting, nosing　87
多自由度系
　multi degree of freedom system　9
ダッシュポット
　dashpot　75, 79
単振動
　simple harmonic motion　9, 77
弾性振動翼推進システム
　elastic oscillating fin propulsion system　6
弾性体
　elastic body　42

弾性ロータ
　elastic rotor　100
ダンパ
　damper　79

【ち】

力のつり合い
　equilibrium　14
力のモーメント
　moment of force　25
知的機械システム
　intelligent mechanical system　3
張力
　tension　14
調和振動
　harmonic vibration　78

【て】

電子回路
　electronic circuit　9
伝達率
　transmissibility　90

【と】

等加速度運動
　uniformly accelerated motion　16
等速運動
　uniform motion　16
等速円運動
　uniform circular motion　26
動摩擦力
　force of dynamic friction　14

【な】

内力
　internal force　29

【に】

二重振り子
　double pendulum　65

ニュートンの運動方程式
　Newton's equation of motion　17

【ね】

粘性回転減衰係数
　viscous damping coefficient of gyration　77
粘性減衰
　viscous damping　79
粘性減衰係数
　viscous damping coefficient　76
粘性減衰力
　viscous damping force　75

【の】

能動的制御
　active control　104

【は】

把持ロボット
　grasping robot　9
はねかえりの係数
　coefficient of rebound　31
ばね
　spring　75
ばね定数
　spring constant　75
ハーフパワー法
　half power point　93
速さ
　velocity　16
梁
　beam　106
パンタグラフ
　pantograph　108
反発係数
　coefficient of restitution　31
万有引力定数
　constant of universal gravitation　22
万有引力の法則
　law of universal gravitation　22

索引（和 → 英）　　141

【ひ】

非慣性系
　non inertial systems　20
非減衰振動
　non damping vibration　78
ピッチング
　pitching　58
微　分
　differentiation　122
微分方程式
　differential equation　122
ピンセット
　extractor　9

【ふ】

復元トルク
　restoring torque　76
復元力
　restoring force　75
物理振り子
　physical pendulum　49
フーリエ変換
　Fourier transform　111
振れ回り
　whirling　101
振れ回り速度
　whirling speed　102
分布質量系
　distributed mass system　73
分　裂
　disruption　32

【へ】

平均加速度
　average acceleration　16
平均の速さ
　average velocity　15
ベクトル
　vector　116

変　位
　displacement　13

【ほ】

放物運動
　parabolic motion　18
保存系
　conservative system　65
保存力
　conservative force　35, 37
ポテンシャル
　potential　36

【ま】

曲げ剛性
　bending stiffness　111
摩　擦
　friction　14

【め】

メカトロニクス
　mechatronics　9
面密度
　density of surface　53

【も】

モータ
　motor　6

【ゆ】

有限要素法
　finite element method　42

【よ】

ヨーイング
　yawing　58

【ら】

ラグランジアン
　Lagrangian　64

ラグランジュの運動方程式
　Lagrange's equation of motion　64
ラプラス変換
　Laplace transform　112

【り】

力学的エネルギー
　mechanical energy　37
力学的エネルギー保存則
　law of conservation of mechanical energy　39
力　積
　impulse　24
離　線
　pantograph bounce　108
量子力学
　the quantum mechanics　1
臨界粘性減衰係数
　critical viscous damping coefficient　91
輪　軸
　wheel set, wheel and axle　87

【ろ】

ロータ
　rotor　100
ロープウェイ
　aerial cableway　107
ロボット
　robot　3
ローリング
　rolling　58

【Q】

Qファクター
　quality factor　93

索引
（英 → 和）

【A】

acceleration	加速度	13, 16
active control	能動的制御	104
actuator	アクチュエータ	3
aerial cableway	ロープウェイ	107
amplitude	振幅	77, 94
amplitude magnification factor	振幅倍率	94
amusement robot	アミューズメントロボット	4
angular acceleration	角加速度	49
angular displacement	角変位	25
angular frequency	角振動数	77
angular momentum	角運動量	24
angular velocity	角速度	25, 77
average acceleration	平均加速度	16
average velocity	平均の速さ	15

【B】

英語	和訳	ページ
beam	梁	106
bearing	軸受	100
bending stiffness	曲げ剛性	111

【C】

catenary	架線	108
center of gravity	重心	31
centrifugal force	遠心力	26
circular motion	円運動	25
coefficient of rebound	はねかえりの係数	31
coefficient of restitution	反発係数	31
collision	衝突	31
combination	合体	32
complete elastic collision	完全弾性衝突	32
condition of constraint	束縛条件	14
conservative force	保存力	35, 37
conservative system	保存系	65
constant of universal gravitation	万有引力定数	22
control device	制御装置	3
coordinate system	座標系	20
critical speed	危険速度	103
critical viscous damping coefficient	臨界粘性減衰係数	91

【D】

damper	ダンパ	79
damping capacity	減衰能	75
damping coefficient	減衰係数	76
damping coefficient of gyration	回転減衰係数	77
damping force	減衰力	75
damping ratio	減衰比	90
damping torque	減衰トルク	76
damping vibration	減衰振動	79
dashpot	ダッシュポット	75, 79
dashpot of gyration	回転ダッシュポット	76
density of line	線密度	52
density of surface	面密度	53
differential equation	微分方程式	122
differentiation	微分	122
displacement	変位	13
disruption	分裂	32
distributed mass system	分布質量系	73
double pendulum	二重振り子	65

【E】

elastic body	弾性体	42
elastic oscillating fin propulsion system	弾性振動翼推進システム	6
elastic rotor	弾性ロータ	100
electronic circuit	電子回路	9
elliptical orbit	楕円軌道	23
equation of motion	運動方程式	64
equilibrium	力のつり合い	14
Euler angle	オイラー角	59
Euler transformation	オイラー変換	59
exponentioal function	指数関数	122
external force	外力	29
extractor	ピンセット	9

【F】

finite element method	有限要素法	42
fixed axis	固定軸	48
forced vibration	強制振動	82
force of constraint	束縛力	14
force of dynamic friction	動摩擦力	14
force of maximum friction	最大摩擦力	14
force of static friction	静止摩擦力	14
forceps	鉗子	9
Fourier transform	フーリエ変換	111
free fall	自由落下	18
free vibration	自由振動	78
frequency	振動数	27, 77
friction	摩擦	14

【G】

generalized coordinate	一般化座標	65
generalized force	一般化力	65
general quiz of mathematics	数学一般問題	121
geometry quiz	幾何問題	121
grasping robot	把持ロボット	9
gravity	重力	14

【H】

half power point	ハーフパワー法	93
harmonic vibration	調和振動	78
hunting	蛇行動	87

【I】

impact force	撃力	24
impulse	力積	24
industrial robot	産業用ロボット	4
inertia couple	慣性偶力	76
inertial force	慣性力	21, 74
inertial systems	慣性系	20
initial phase angle	初期位相角	78
intelligent mechanical system	知的機械システム	3
internal force	内力	29

【J】

Jeffcott rotor	ジェフコットロータ	100

【K】

Kepler's law	ケプラーの法則	22
kinetic energy	運動エネルギー	37

【L】

Lagrange's equation of motion	ラグランジュの運動方程式	64
Lagrangian	ラグランジアン	64
Laplace transform	ラプラス変換	112
law of action and reaction	作用・反作用の法則	17
law of conservation of angular momentum	角運動量保存則	25
law of conservation of mechanical energy	力学的エネルギー保存則	39
law of conservation of momentum	運動量保存則	30
law of inertia	慣性の法則	17
law of universal gravitation	万有引力の法則	22

length of equivalent simple pendulum
　相当単振り子の長さ　51
lumped mass system
　集中質量系　73

【M】

machine
　機械　9
mass
　質量　12
mechanical dynamics
　機械力学　1, 3
mechanical energy
　力学的エネルギー　37
mechanical vibrations
　機械振動学　9
mechatronics
　メカトロニクス　9
medical rehabilitation robot
　医療リハビリテーションロボット　4
moment of force
　力のモーメント　25
moment of inertia
　慣性モーメント　49
momentum
　運動量　23
motion
　運動　12
motion of constraint
　束縛運動　14
motion of machine
　機械の運動　1
motor
　モータ　6
multi degree of freedom system
　多自由度系　9

【N】

natural frequency
　固有振動数　84, 88, 108

Newton's equation of motion
　ニュートンの運動方程式　17
non damping vibration
　非減衰振動　78
non inertial systems
　非慣性系　20
nosing
　蛇行動　87

【O】

oscillation
　振動　2
over damping
　過減衰　91

【P】

pantograph
　パンタグラフ　108
pantograph bounce
　離線　108
parabolic motion
　放物運動　18
particle
　質点　12
passive control
　受動的制御　104
period
　周期　27, 77
physical pendulum
　物理振り子　49
pitching
　ピッチング　58
point of application
　作用点　17
position vector
　位置ベクトル　12
potential
　ポテンシャル　36
potential energy
　位置エネルギー　36
power
　仕事率　35

【Q】

quality factor
　Qファクター　93

【R】

radius of gyration
　回転半径　58
reaction
　抗力　14
resonance
　共振　84
resonance curve
　共振曲線　93
restoring force
　復元力　75
restoring torque
　復元トルク　76
resultant force
　合力　14
rigid body
　剛体　42
rigid body pendulum
　剛体振り子　49
rigid rotor
　剛性ロータ　100
robot
　ロボット　3
robotic fish
　魚ロボット　4, 10
rolling
　ローリング　58
rotational speed
　回転数　27
rotational system
　回転系　9
rotor
　ロータ　100

【S】

scalar
　スカラー　116
seismic sensor
　サイズモ計　92

self-excited vibration	tension	vertical reaction
自励振動 80	張　力 14	垂直抗力 14
sensor	the first law of motion	vibration
センサ 3	第1法則 17	振　動 2
service robot	the quantum mechanics	vibration of machine
サービスロボット 3	量子力学 1	機械の振動 2
shock absorber	the second law of motion	viscous damping
ショックアブソーバ 79	第2法則 17	粘性減衰 79
simple harmonic motion	the theory of relativity	viscous damping coefficient
単振動 9, 77	相対性理論 1	粘性減衰係数 76
single degree of freedom system	the third law of motion	viscous damping coefficient of gyration
1自由度 9	第3法則 17	粘性回転減衰係数 77
spring	three degree of freedom motion	viscous damping force
ば　ね 75	3次元運動 20	粘性減衰力 75
spring constant	transmissibility	**【W】**
ばね定数 75	伝達率 90	
spring constant of gyration	**【U】**	wheel and axle
回転ばね定数 76		輪　軸 87
spring of gyration	uniform circular motion	wheel set
回転ばね 76	等速円運動 26	輪　軸 87
static deflection	uniformly accelerated motion	whirling
静たわみ 94	等加速度運動 16	振れ回り 101
static friction coefficient	uniform motion	whirling speed
静止摩擦係数 14	等速運動 16	振れ回り速度 102
string	**【V】**	work
弦 106, 107		仕　事 34
system of particles	vector	**【Y】**
質点系 29	ベクトル 116	
【T】	velocity	yawing
	速度，速さ 13, 16	ヨーイング 58
tail fin		
尾ひれ 10		

索　引　（　英　→　和　）　　145

―― 著者略歴 ――

山本　郁夫（やまもと　いくお）
- 1983年　九州大学工学部航空工学科卒業
- 1985年　九州大学大学院工学研究科修了
  　　　　（応用力学専攻）
  　　　　三菱重工業株式会社技術本部勤務
- 1994年　博士（工学）（九州大学）
- 2004年　独立行政法人海洋研究開発機構
  　　　　研究主幹
- 2005年　九州大学大学院教授
  　　　　応用力学研究所客員教授
- 2007年　北九州市立大学大学院教授
  　　　　環境技術研究所災害対策技術研究
  　　　　センター長
- 2013年　長崎大学大学院教授
- 2019年　長崎大学副学長
  　　　　現在に至る

伊藤　高廣（いとう　たかひろ）
- 1983年　東京大学工学部機械工学科卒業
- 1985年　東京大学大学院工学系研究科修了
  　　　　（産業機械工学専攻）
  　　　　日本電信電話株式会社勤務
- 1992年　イリノイ大学大学院修了
  　　　　（コンピュータサイエンス専攻）
- 2002年　博士（工学）（東京大学）
- 2003年　桐蔭横浜大学大学院教授
- 2008年　九州工業大学大学院教授
  　　　　現在に至る

実例で学ぶ機械力学・振動学
―ロボットから身近な乗り物まで―
Mechanical dynamics and vibration learned by examples
―From robotics to familiar vehicles―

© Ikuo Yamamoto, Takahiro Ito 2014

2014年6月10日　初版第1刷発行　　　　　　　　　　　　　　　　　　★
2020年8月5日　初版第2刷発行

検印省略	著　者　山　本　郁　夫
	伊　藤　高　廣
	発行者　株式会社　コロナ社
	代表者　牛来真也
	印刷所　壮光舎印刷株式会社
	製本所　株式会社　グリーン

112-0011　東京都文京区千石4-46-10
発行所　株式会社　コロナ社
CORONA PUBLISHING CO., LTD.
Tokyo Japan
振替00140-8-14844・電話(03)3941-3131(代)
ホームページ　https://www.coronasha.co.jp

ISBN 978-4-339-04638-0　C3053　Printed in Japan　　　　　　（森岡）

<JCOPY> ＜出版者著作権管理機構　委託出版物＞
本書の無断複製は著作権法上での例外を除き禁じられています。複製される場合は、そのつど事前に、出版者著作権管理機構（電話03-5244-5088, FAX 03-5244-5089, e-mail: info@jcopy.or.jp）の許諾を得てください。

本書のコピー、スキャン、デジタル化等の無断複製・転載は著作権法上での例外を除き禁じられています。購入者以外の第三者による本書の電子データ化及び電子書籍化は、いかなる場合も認めていません。
落丁・乱丁はお取替えいたします。

技術英語・学術論文書き方関連書籍

まちがいだらけの文書から卒業しよう－基本はここだ！－
工学系卒論の書き方
別府俊幸・渡辺賢治 共著
A5／196頁／本体2,600円／並製

理工系の技術文書作成ガイド
白井　宏 著
A5／136頁／本体1,700円／並製

ネイティブスピーカーも納得する技術英語表現
福岡俊道・Matthew Rooks 共著
A5／240頁／本体3,100円／並製

科学英語の書き方とプレゼンテーション（増補）
日本機械学会 編／石田幸男 編著
A5／208頁／本体2,300円／並製

続 科学英語の書き方とプレゼンテーション
－スライド・スピーチ・メールの実際－
日本機械学会 編／石田幸男 編著
A5／176頁／本体2,200円／並製

マスターしておきたい　技術英語の基本－決定版－
Richard Cowell・佘　錦華 共著
A5／220頁／本体2,500円／並製

いざ国際舞台へ！　理工系英語論文と口頭発表の実際
富山真知子・富山　健 共著
A5／176頁／本体2,200円／並製

科学技術英語論文の徹底添削
－ライティングレベルに対応した添削指導－
絹川麻理・塚本真也 共著
A5／200頁／本体2,400円／並製

技術レポート作成と発表の基礎技法（改訂版）
野中謙一郎・渡邉力夫・島野健仁郎・京相雅樹・白木尚人 共著
A5／166頁／本体2,000円／並製

Wordによる論文・技術文書・レポート作成術
－Word 2013/2010/2007 対応－
神谷幸宏 著
A5／138頁／本体1,800円／並製

知的な科学・技術文章の書き方
－実験リポート作成から学術論文構築まで－
中島利勝・塚本真也 共著
日本工学教育協会賞（著作賞）受賞
A5／244頁／本体1,900円／並製

知的な科学・技術文章の徹底演習
塚本真也 著
工学教育賞（日本工学教育協会）受賞
A5／206頁／本体1,800円／並製

定価は本体価格＋税です。
定価は変更されることがありますのでご了承下さい。

シミュレーション辞典

日本シミュレーション学会 編
A5判／452頁／本体9,000円／上製・箱入り

- ◆編集委員長　大石進一（早稲田大学）
- ◆分野主査　山崎　憲（日本大学），寒川　光（芝浦工業大学），萩原一郎（東京工業大学），矢部邦明（東京電力株式会社），小野　治（明治大学），古田一雄（東京大学），小山田耕二（京都大学），佐藤拓朗（早稲田大学）
- ◆分野幹事　奥田洋司（東京大学），宮本良之（産業技術総合研究所），小俣　透（東京工業大学），勝野　徹（富士電機株式会社），岡田英史（慶應義塾大学），和泉　潔（東京大学），岡本孝司（東京大学）

（編集委員会発足当時）

> シミュレーションの内容を共通基礎，電気・電子，機械，環境・エネルギー，生命・医療・福祉，人間・社会，可視化，通信ネットワークの8つに区分し，シミュレーションの学理と技術に関する広範囲の内容について，1ページを1項目として約380項目をまとめた。

- Ⅰ　共通基礎（数学基礎／数値解析／物理基礎／計測・制御／計算機システム）
- Ⅱ　電気・電子（音　響／材　料／ナノテクノロジー／電磁界解析／VLSI設計）
- Ⅲ　機　械（材料力学・機械材料・材料加工／流体力学・熱工学／機械力学・計測制御・生産システム／機素潤滑・ロボティクス・メカトロニクス／計算力学・設計工学・感性工学・最適化／宇宙工学・交通物流）
- Ⅳ　環境・エネルギー（地域・地球環境／防　災／エネルギー／都市計画）
- Ⅴ　生命・医療・福祉（生命システム／生命情報／生体材料／医　療／福祉機械）
- Ⅵ　人間・社会（認知・行動／社会システム／経済・金融／経営・生産／リスク・信頼性／学習・教育／共　通）
- Ⅶ　可視化（情報可視化／ビジュアルデータマイニング／ボリューム可視化／バーチャルリアリティ／シミュレーションベース可視化／シミュレーション検証のための可視化）
- Ⅷ　通信ネットワーク（ネットワーク／無線ネットワーク／通信方式）

本書の特徴

1. シミュレータのブラックボックス化に対処できるように，何をどのような原理でシミュレートしているかがわかることを目指している。そのために，数学と物理の基礎にまで立ち返って解説している。
2. 各中項目は，その項目の基礎的事項をまとめており，1ページという簡潔さでその項目の標準的な内容を提供している。
3. 各分野の導入解説として「分野・部門の手引き」を供し，ハンドブックとしての使用にも耐えうること，すなわち，その導入解説に記される項目をピックアップして読むことで，その分野の体系的な知識が身につくように配慮している。
4. 広範なシミュレーション分野を総合的に俯瞰することに注力している。広範な分野を総合的に俯瞰することによって，予想もしなかった分野へ読者を招待することも意図している。

定価は本体価格+税です。
定価は変更されることがありますのでご了承下さい。

図書目録進呈◆

機械系 大学講義シリーズ

(各巻A5判，欠番は品切です)

■編集委員長　藤井澄二
■編集委員　臼井英治・大路清嗣・大橋秀雄・岡村弘之
　　　　　　黒崎晏夫・下郷太郎・田島清灝・得丸英勝

配本順			頁	本体
1.(21回)	材料力学	西谷弘信著	190	2300円
3.(3回)	弾性学	阿部・関根共著	174	2300円
5.(27回)	材料強度	大路・中井共著	222	2800円
6.(6回)	機械材料学	須藤一著	198	2500円
9.(17回)	コンピュータ機械工学	矢川・金山共著	170	2000円
10.(5回)	機械力学	三輪・坂田共著	210	2300円
11.(24回)	振動学	下郷・田島共著	204	2500円
12.(26回)	改訂 機構学	安田仁彦著	244	2800円
13.(18回)	流体力学の基礎（1）	中林・伊藤・鬼頭共著	186	2200円
14.(19回)	流体力学の基礎（2）	中林・伊藤・鬼頭共著	196	2300円
15.(16回)	流体機械の基礎	井上・鎌田共著	232	2500円
17.(13回)	工業熱力学（1）	伊藤・山下共著	240	2700円
18.(20回)	工業熱力学（2）	伊藤猛宏著	302	3300円
20.(28回)	伝熱工学	黒崎・佐藤共著	218	3000円
21.(14回)	蒸気原動機	谷口・工藤共著	228	2700円
22.	原子力エネルギー工学	有冨・齊藤共著		
23.(23回)	改訂 内燃機関	廣安・實諸・大山共著	240	3000円
24.(11回)	溶融加工学	大中・荒木共著	268	3000円
25.(29回)	新版 工作機械工学	伊東・森脇共著	254	2900円
27.(4回)	機械加工学	中島・鳴瀧共著	242	2800円
28.(12回)	生産工学	岩田・中沢共著	210	2500円
29.(10回)	制御工学	須田信英著	268	2800円
30.	計測工学	山本・宮城・臼田・高辻・榊原共著		
31.(22回)	システム工学	足立・酒井・高橋・飯國共著	224	2700円

定価は本体価格+税です。
定価は変更されることがありますのでご了承下さい。

◆図書目録進呈◆

機械系教科書シリーズ

(各巻A5判，欠番は品切です)

- ■編集委員長　木本恭司
- ■幹　　　事　平井三友
- ■編集委員　青木　繁・阪部俊也・丸茂榮佑

配本順		書名	著者	頁	本体
1.	(12回)	機械工学概論	木本　恭司　編著	236	2800円
2.	(1回)	機械系の電気工学	深野　あづさ　著	188	2400円
3.	(20回)	機械工作法（増補）	平井三友・和田任弘・塚田忠夫　共著	208	2500円
4.	(3回)	機械設計法	朝比奈奎一・黒田孝春・山口健二　共著	264	3400円
5.	(4回)	システム工学	古井川井正・荒吉誠・浜志斎己　共著	216	2700円
6.	(5回)	材料学	久保井原徳恵・樫野蔵　共著	218	2600円
7.	(6回)	問題解決のための Cプログラミング	佐中村理次郎・藤男一　共著	218	2600円
8.	(7回)	計測工学	前木田良昭・押田村一啓・牧生雅至州之雄也　共著	220	2700円
9.	(8回)	機械系の工業英語	牧野水晴俊　共著	210	2500円
10.	(10回)	機械系の電子回路	高阪橋部佑榮　共著	184	2300円
11.	(9回)	工業熱力学	丸木茂本司忠　共著	254	3000円
12.	(11回)	数値計算法	藤伊本惇紀雄彦　共著	170	2200円
13.	(13回)	熱エネルギー・環境保全の工学	田本民司恭男友雄光紀雄彦　共著	240	2900円
15.	(15回)	流体の力学	井崎田本口村山坂坂田明吉米内　共著	208	2500円
16.	(16回)	精密加工学	田明口村靖紘剛　共著	200	2400円
17.	(30回)	工業力学（改訂版）	村山二夫誠　共著	240	2800円
18.	(31回)	機械力学（増補）	青木　繁　著	204	2400円
19.	(29回)	材料力学（改訂版）	中島正貴明　著	216	2700円
20.	(21回)	熱機関工学	越老智固本部田川敏潔隆俊賢一光恭弘也一　共著	206	2600円
21.	(22回)	自動制御	早飯田川欅野松高弘明彦順洋一男　共著	176	2300円
22.	(23回)	ロボット工学	矢重大　共著	208	2600円
23.	(24回)	機構学	小池勝　著	202	2600円
24.	(25回)	流体機械工学	丸茂尾牧野榮匡佑永州秀　共著	172	2300円
25.	(26回)	伝熱工学	境田彰芳　編著	232	3000円
26.	(27回)	材料強度学	本位田川光健重多郎　共著	200	2600円
27.	(28回)	生産工学 —ものづくりマネジメント工学—	皆川健太　共著	176	2300円
28.		CAD／CAM	望月達也　著		

定価は本体価格+税です。
定価は変更されることがありますのでご了承下さい。

図書目録進呈◆

メカトロニクス教科書シリーズ

(各巻A5判，欠番は品切です)

■編集委員長　安田仁彦
■編集委員　末松良一・妹尾允史・高木章二
　　　　　　藤本英雄・武藤高義

配本順			頁	本体
1. (18回)	新版 メカトロニクスのための 電子回路基礎	西堀賢司著	220	3000円
2. (3回)	メカトロニクスのための 制御工学	高木章二著	252	3000円
3. (13回)	アクチュエータの駆動と制御 (増補)	武藤高義著	200	2400円
4. (2回)	センシング工学	新美智秀著	180	2200円
5. (7回)	CADとCAE	安田仁彦著	202	2700円
6. (5回)	コンピュータ統合生産システム	藤本英雄著	228	2800円
7. (16回)	材料デバイス工学	妹尾允史・伊藤智徳共著	196	2800円
8. (6回)	ロボット工学	遠山茂樹著	168	2400円
9. (17回)	画像処理工学 (改訂版)	末松良一・山田宏尚共著	238	3000円
10. (9回)	超精密加工学	丸井悦男著	230	3000円
11. (8回)	計測と信号処理	鳥居孝夫著	186	2300円
13. (14回)	光工学	羽根一博著	218	2900円
14. (10回)	動的システム論	鈴木正之他著	208	2700円
15. (15回)	メカトロニクスのための トライボロジー入門	田中勝之・川久保洋共著	240	3000円

定価は本体価格+税です。
定価は変更されることがありますのでご了承下さい。

図書目録進呈◆

ロボティクスシリーズ

(各巻A5判,欠番は品切です)

- ■編集委員長　有本　卓
- ■幹　　　事　川村貞夫
- ■編集委員　石井　明・手嶋教之・渡部　透

配本順				頁	本体
1. (5回)	ロボティクス概論	有本	卓編著	176	2300円
2. (13回)	電気電子回路 ―アナログ・ディジタル回路―	杉田 山中 進彦 小 西 聡	克 共著	192	2400円
3. (17回)	メカトロニクス計測の基礎 (改訂版) ―新SI対応―	石井 明 木股 章 金子 雅 透	共著	160	2200円
4. (6回)	信号処理論	牧川方昭著		142	1900円
5. (11回)	応用センサ工学	川村貞夫編著		150	2000円
6. (4回)	知能科学 ―ロボットの"知"と"巧みさ"―	有本 卓著		200	2500円
7.	モデリングと制御	平井慎一 坪内孝司 秋下貞夫	共著		
8. (14回)	ロボット機構学	永井 清 土橋 宏規	共著	140	1900円
9.	ロボット制御システム	玄 相昊編著			
10. (15回)	ロボットと解析力学	有本 卓 田原 健二	共著	204	2700円
11. (1回)	オートメーション工学	渡部 透著		184	2300円
12. (9回)	基礎福祉工学	手嶋教之 米本清 相良二朗 糟谷佐紀	共著	176	2300円
13. (3回)	制御用アクチュエータの基礎	川野早誠 野方誠 田所諭 早川恭弘	共著	144	1900円
15. (7回)	マシンビジョン	石井 明 斉藤文彦	共著	160	2000円
16. (10回)	感覚生理工学	飯田健夫著		158	2400円
17. (8回)	運動のバイオメカニクス ―運動メカニズムのハードウェアとソフトウェア―	牧川方昭 吉田正樹	共著	206	2700円
18. (16回)	身体運動とロボティクス	川村貞夫編著		144	2200円

定価は本体価格+税です。
定価は変更されることがありますのでご了承下さい。

図書目録進呈◆